"十四五"时期国家重点出版物出版专项规划项目

新一代人工智能理论、技术及应用丛书

众智科学智能理论与计算方法

纪 雯 梁 冰 杨哲铭 杨 凤 著

科学出版社
北 京

内 容 简 介

本书重点围绕众智科学智能理论与计算方法展开介绍，主要内容包括众智的定义和建模、众智的分析与计算方法、单个智能体和多个智能体的智能进化方法、众智水平分析方法，以及众智科学智能理论在典型场景的应用。

本书可作为众智科学、人工智能、自动化等专业研究生的参考教材，也可作为智能理论研究的科技工作者和工程技术人员的参考用书。

图书在版编目（CIP）数据

众智科学智能理论与计算方法／纪雯等著．—北京：科学出版社，2024.1

(新一代人工智能理论、技术及应用丛书)

ISBN 978-7-03-068728-9

Ⅰ．①众… Ⅱ．①纪… Ⅲ．①人工智能-研究 Ⅳ．①TP18

中国版本图书馆 CIP 数据核字（2021）第 081617 号

责任编辑：张艳芬／责任校对：王萌萌

责任印制：师艳茹／封面设计：陈 敬

科学出版社 出版

北京东黄城根北街 16 号

邮政编码：100717

http://www.sciencep.com

北京中科印刷有限公司 印刷

科学出版社发行 各地新华书店经销

*

2024 年 1 月第 一 版 开本：720 × 1000 B5

2024 年 1 月第一次印刷 印张：11 3/4

字数：237 000

定价：128.00 元

“新一代人工智能理论、技术及应用丛书”编委会

“新一代人工智能理论、技术及应用丛书”序

科学技术发展的历史就是一部不断模拟和扩展人类能力的历史。按照人类能力复杂的程度和科技发展成熟的程度，科学技术最早聚焦于模拟和扩展人类的体质能力，这就是从古代就启动的材料科学技术。在此基础上，模拟和扩展人类的体力能力是近代才蓬勃兴起的能量科学技术。有了上述的成就做基础，科学技术便进展到模拟和扩展人类的智力能力。这便是20世纪中叶迅速崛起的现代信息科学技术，包括它的高端产物——智能科学技术。

人工智能，是以自然智能(特别是人类智能)为原型、以扩展人类的智能为目的、以相关的现代科学技术为手段而发展起来的一门科学技术。这是有史以来科学技术最高级、最复杂、最精彩、最有意义的篇章。人工智能对于人类进步和人类社会发展的重要性，已是不言而喻。

有鉴于此，世界各主要国家都高度重视人工智能的发展，纷纷把发展人工智能作为战略国策。越来越多的国家也在陆续跟进。可以预料，人工智能的发展和应用必将成为推动世界发展和改变世界面貌的世纪大潮。

我国的人工智能研究与应用，已经获得可喜的发展与长足的进步：涌现了一批具有世界水平的理论研究成果，造就了一批朝气蓬勃的龙头企业，培育了大批富有创新意识和创新能力的人才，实现了越来越多的实际应用，为公众提供了越来越好、越来越多的人工智能惠益。我国的人工智能事业正在开足马力，向世界强国的目标努力奋进。

“新一代人工智能理论、技术及应用丛书”是科学出版社在长期跟踪我国科技发展前沿、广泛征求专家意见的基础上，经过长期考察、反复论证后组织出版的。人工智能是众多学科交叉互促的结晶，因此丛书高度重视与人工智能紧密交叉的相关学科的优秀研究成果，包括脑神经科学、认知科学、信息科学、逻辑科学、数学、人文科学、人类学、社会学和相关哲学等研究成果。特别鼓励创造性的研究成果，着重出版我国的人工智能创新著作，同时介绍一些优秀的国外人工智能成果。

尤其值得注意的是，我们所处的时代是工业时代向信息时代转变的时代，也是传统科学向信息科学转变的时代，是传统科学的科学观和方法论向信息科学的科学观和方法论转变的时代。因此，丛书将以极大的热情期待与欢迎具有开创性的跨越时代的科学研究成果。

“新一代人工智能理论、技术及应用丛书”是一个开放的出版平台，将长期为我国人工智能的发展提供交流平台和出版服务。我们相信，这个正在朝着“两个一百年”目标奋力前进的英雄时代，必将是一个人才辈出百业繁荣的时代。

希望这套丛书的出版，能为我国一代又一代科技工作者不断为人工智能的发展做出引领性的积极贡献带来一些启迪和帮助。

李衍达

序

智能是人类发展的重要动力，智能科技是社会进步的基础，智能科学是最具发展前景的研究方向。人们对人类智能的研究已有百年历史，对人工智能的研究也有七十余年的历史，而对涉及群体智慧的研究则可追溯至更早阶段。

近年来，随着科技的进步和现代社会的发展，人类对智能的研究已不局限于人或机器，对智能的探索也不局限于提升机器的自我学习能力，更多的是希望将智能科技应用到系统，从而解决政治、经济、社会等领域的问题。智能的发展已不再局限于计算机科技的范围，而是更多地向国家治理、城市管理、企业发展等全面渗透，并由此改变智能的发展方向。在这个大背景下，众智科学应运而生。

众智是研究通过群体合作从而有效利用和管理各种有形的和无形的资源，实现目标并创造价值的能力的系统科学。众智科学通过提升人类及软硬件设备基础设施的学习能力来提升智能，通过挖掘人机生态的共生关系来进化智能，通过推演国家各行业体系的治理能力来改进智能，通过量化其在产业链升级及生产力跃升中的作用来发展智能。众智科学是对目前群体智能研究领域或方向的系统化拓展和深化，与计算机科学、管理学、社会学、心理学等相关学科，以及人工智能、云计算、大数据、物联网等技术密切相关。众智现象正在催生人机共生、跨界融合、共享经济等新经济形态，推动产业链优化升级、生产力整体跃升，实现我国科技跨越式发展。

众智科学是一个庞大的系统工程。未来众智科学发展的格局将体现为智能深层次深入到社会的多领域发展，具有融入、互影响和进化的能力，是物理世界真实表象和数字世界孪生镜像互相影响的应用体系。这将大大增加系统了解这个领域的难度。该书从基础理论、基本原理、算法模型和应用等多个方面对这个新的重要领域给出了系统、科学的介绍。

目前众智科学的相关著作还很少。纪雯研究员是众智科学领域和多媒体领域的知名学者。该书是纪雯团队对众智科学的基础理论研究及其在多媒体、物联网、边缘计算等领域应用研究的系统总结，必将促进众智科学和众智等相关技术在我国的推广和发展。

史忠植

前　　言

人类社会正在飞速进入一个前所未有的信息、物理、社会三元融合的新时代。物理空间中的自然人、企业、政府、智能设备和应用物品的智能化程度逐渐提升，众多智能体之间的联结在深度、广度和联结方式上不断地拓展。这些互相联结的智能体呈现物理空间、意识空间与信息空间三元深度融合的特征，进一步形成大量的众智网络系统，如电子商务平台、智慧医疗网络、网络化生产制造供应链、智能物流管理、电子政务平台等。

众智网络系统是现代服务业，以及未来经济和社会的主要形态之一。为了实现经济、社会、政府治理活动更有效、可持续，最大限度地避免可能的混乱、动荡和突变，对于众智网络系统研究的众智科学概念应运而生。众智科学是一门研究互联互通环境下信息、物理、社会三元融合系统的原理、规律、方法、技术及相关工程应用的学科。作为一门以系统论、信息论、控制论、计算机科学与工程、管理学、经济学、社会学、心理学等多学科为基础的新型交叉学科，众智科学利用大数据、云计算、人工智能等新技术和新方法获取、分析多样众智系统中的众行为数据，研究新型社会模式下社会群体智能活动的基本原理和规律，在结合相关领域面临的具体问题的同时，通过挖掘个体和群体的潜能，探索计算机或人类难以单独完成的复杂问题的理论方法与技术，为构建科学高效的未来网络化众智经济社会形态提供理论基础。

众智是汇聚大规模自治的个体智能，通过高效的网络组织结构，超越个体智能的局限，快速解决计算系统或人类系统难以独立解决的复杂任务的科学。通过对众智的度量计算与自我进化机理等问题的研究，可以解决城市管理、国家治理、企业发展等诸多挑战性问题。然而，对于智能如何度量，目前尚无统一的方法。进一步，众智网络环境增加了智能定义度量的难度。智能主体之间的交互选择很大程度上依赖于对智能体智能程度的评价和度量。因此，必须解决智能度量的问题，以求“人尽其才，物尽其用”。另外，众智网络中个体和群体的智能也在随着其自身的发展和协同交互而不断变化发展，时时刻刻都在自我进化的过程中，但是进化的方向和结果是不确定的。如何确保智能体向有利的方向进化，不断地提高自我智能，就需要探索众智网络智能数体有效进化的机理、方式和手段，实现“三人行必有我师”。

本书以当前现代服务业及未来经济和社会主要形态的众智网络系统为应用背

景，从众智科学中智能概念的角度介绍智能问题的最新研究进展，系统阐述众智科学智能理论的基本概念、研究方法和实际应用，为构建科学高效的未来网络化众智经济社会形态提供众智科学智能的理论基础。

本书的研究工作得到国家重点研发计划“众智科学基础理论与方法研究”(2017YFB1400100)、国家自然科学基金项目“基于超图谱理论的复杂环境视频弹性传输方法研究”(62072440)、北京市自然科学基金项目“面向智慧城市的大规模视频端边云协同融合计算关键技术研究”(4202072)及北京市自然科学基金丰台重点研究专题项目“面向城市轨道交通的视觉端边云协同计算关键技术研究”(L221004)的资助。

本书是作者研究团队的集体成果。纪雯、梁冰、杨哲铭完成全书主要内容的撰写工作。感谢杨凤、王小妮、李周霞、葛录录、刘建然、王可，他们参与撰写了部分内容。柴跃廷教授对众智科学的研究发展起到了重大的推动作用。特别感谢柴跃廷教授在本书的相关内容的研究及撰写过程中给予的宝贵意见和建议。

限于作者水平，书中难免存在不妥之处，恳请读者批评指正。

纪　雯

目　录

第1章 绪 论

1.1 众智科学概述

众智科学是关于智能的系统学，以万物互联的未来网络化产业运作体系和社会治理的需求为背景，以众智网络系统为对象，以解决未来网络化产业运作体系和社会治理的基本问题为出发点，综合运用系统论、信息论、控制论、计算机科学与工程、管理学、经济学、社会学、心理学等多学科知识，通过物联网(Internet of things，IoT)、云计算、大数据、人工智能(artificial intelligence，AI)等新技术和手段，探索大规模在线互联环境下信息、物理、社会三元融合系统群体智能活动的基本原理和规律，进而建立相关的方法和工具，充分发挥人类个体和群体的智慧，挖掘其潜能，有效推进新型网络化产业运作体系及社会运行管理方式的建设进程。众智现象普遍存在于自然界和人类社会。例如，自然界中的蚁群效应、天空中飞行的群鸟队形等；经济领域中的企业经营管理过程、产业链协同运作等；社会领域中的各类研讨会、社会组织及其集体行为过程等；政府治理领域中的全民选举、社会公共问题的全民讨论等，均通过集众多个体智慧，期望取得更好或最好的效果。在上述各类众智现象中，参与个体的数量不同，个体之间交互的方式和深度不同，其结果也不同。参与的个体数量越多，相互之间的关联越紧密，效果越明显。在网络时代，大数据、人工智能在不断提升人、机器及物品的智能，互联网、物联网、工业 4.0 等在不断增强人、机构、智能机器人、智能物品之间的联结能力，云计算在不断强化智能体之间的交互能力，使人、企业、政府等与智能机器人、智能物品之间联结的深度、广度、方式不断拓展。与传统众智现象相比，网络环境下的众智现象不但规模大、联系紧密，而且由于众多智能体均处于物理空间、意识空间、信息空间深度融合的三元叠加空间，因此符合不同运动规律的物质、信息、意识相互作用与影响。物理空间由自然界各类物品、装备、自然人、企业、机构构成。意识空间表现为自然人、企业、机构心智状态及其行为结果。信息空间由自然人、企业、机构、物品等本体信息及其相关信息的采集、管理、维护、共享与交换过程构成。众智的行为结果表现出更加宽泛的对立统一特性，即稳定与突变的统一、有序与无序的统一、确定与随机的统一、他组织与自组织的统一、可知与不可知的统一、可控与不可控的统一等，不断产生颠覆传统理论和技术的现象和行为。万物深度、智能、动态、精准互联是必然趋势。众智网络将成为未来经济社会运行的主要形态。面对未来万物互联的众智型经济社会，要实现经济、社会、政府治理活动更经济、更有效、更人性化，以及可持续，最大限度地避免各种可能产生但不愿看到的混乱、动荡、突变，必须研究探索众智的本质。目前对于众智现象及其行为结果，特别是互联网环境下大规模在线的众智现象及其行为结果，国内外相关研究机构和学者已开展了一些零星、局部、碎片化的研究，主要体现在人类智能(human intelligence)、机器智能和群体智能方面，还没有形成系统性的基础理论与方法来解释和指导众智实践。在通用智能方面，国内外也有一些相关研究，但大多数结论是复杂的，而且存在很大的局限性，对众智现象缺乏权威的指导意义。

1.2 众智科学与智能

智能是人类发展的重要动力，智能科技是社会进步的基础，智能科学[1]是最具发展前景的研究方向。自 2015 年，*Science* 和 *Nature* 对智能的讨论逐渐从机器在某些方面如何战胜人类[2]转变为人-机器-程序组成的异构系统如何协同创造更大的价值[3,4]。《中国科学院院刊》在 2017 年对智能本质做了重新定义，指出智能已发展为“通过信息变换优化物理世界的物质运动和能量运动，以及人类社会的生产消费活动，提供更高品质的产品和服务，使生产过程和消费过程更加高效，更加智能，从而促进经济社会的数字化转型”[5]。目前，智能已作为一个可应用在多学科领域的共性技术，成为前沿研究的风向标。近年来，随着人工智能技术的蓬勃发展，智能技术渗透到多个领域，智能的研究再次被推向新的高度。然而，我们同时也发现一个被忽视的问题，即智能是如何影响和改变人类社会发展的，也就是智能到人类社会的反馈控制问题。这一本质问题至今还没有明确的答案。未来智能科学发展格局将体现为智能深层次深入到社会的多领域发展，具有融入、互影响和进化的能力，是物理世界真实表象和数字世界孪生镜像互相影响的应用体系。我们将其概括为智能的网络化互联趋势。由此可见，智能的发展已不再局限于计算机科技的范围，而是更多地向国家治理、城市管理、企业发展等全面地渗透。因此，需要重新对智能进行系统、全面、统一地凝练，通过科学的方法做更高层次的系统抽象，同时解决三个难点科学问题(创新自由、安全隐私、合规治理)，从而使智能成为政治、经济、社会快速发展的催化剂。我们提出这样一种在生态建设中能够体现智能的影响和变化能力的体系，称为众智(crowd intelligence，CrI)系统。众智是在复杂的政治、经济和社会等领域中，合理利用和管理各种资源(信息、物理、生物)，系统运作，实现目标并创造新价值的能力。

相对而言，群体智能[6]侧重于通过大规模群体行为的协同，在群体层次上展现超过任意个体智能水平的提升。众智体现在大规模智能群体在某种组织结构下通过有效协作从而完成挑战性的任务[7]。通过分析众智在电子商务、市场预测、社会治理、经济管理等方面的应用[8]，众智被提升到科学的高度，并重新命名为众智科学。相对于早期的应用接口研发而言，由众智科学引申的众智计算侧重探索内部机制研究，包括人类群体智慧在各种设备构成的计算系统如何影响和管理，从而快速解决计算系统或人类系统难以独立解决的复杂任务[8]，以及由人类-机器-软件组成的异构系统如何协作从而达到最优控制的机理[9]。然而，由于众智科学智能理论还属于早期研究阶段，众智现象的基本原理和关键机理还未明确。已有的研究大多关注同构智能的群体合作，如鸟群、蚁群、人群和设备群现象等，对异构群体智能协作及其影响的分析略少，对于智能在异构群体中是如何定义的并没有明确的答案，在一定程度上限制了众智科学智能理论的发展和应用。

1.3 智能的发展分析

1.3.1 人类智能

人类对智能的研究已有百年历史，由于研究焦点和应用范围的不同，一直以来智能在不同的学科都有不同的含义。多数研究者普遍认为，人类智能指人的智力能力，具有复杂的认知能力和高度的动机和自我意识[10]。通过智力，人具有学习、形成概念、理解、运用逻辑和理性的认知能力，如识别模式、理解思想、计划、解决问题、做决定、保留信息、用语言交流的能力。关于人类智能的研究，也称为智力理论。Spearman[11,12]提出影响智力的二因素理论，即智力由占主导的G(general)因素和S(specific)因素共同构成。1912 年，Stern[13]提出用心理年龄与实际年龄的比率对人类的智力做出基本度量的方法，这也形成延续百年的智商测试方法。之后，陆续出现多因素论、多元论、认知进化论等，围绕人类智力发展教育、教学和社会实践体系。

1.3.2 人工智能

随着信息科学的发展，计算器件和软硬件设备呈指数规模发展。Turing[14]于1950 年发表了讨论机器是否具备思考能力的文章 *Computing Machinery and Intelligence*。1955 年，由 McCarthy 等[15]主导的达特茅斯会议讨论如何用机器模拟人类各方面的智能，标志着人工智能学科的诞生。人工智能的目标是，模拟、延伸和扩展人类智能，探寻智能本质，发展类人智能机器[16]。智能的研究由此进入人工智能(或机器智能)的时代。以机器为主导研发类人智能的基础设施，包括软件、硬件、算法、工具等获得蓬勃发展。人工智能主要指通过模型、数据和算法来代替人类实现一些学习、推理、规划等任务。近年来，学术界和工业界出现相关的新研究方向，包括群体智能[17,18]、群智感知[19,20]、众包[21]、智能万物互联[22]等。同时，学术界和工业界在计算方面做了很大投入，通过提升软硬件基础设施的计算能力来提升智能，如 AlphaGo。然而，人类对智能的探索不仅局限于提升机器的自我学习能力，更多的是希望将智能科技应用到系统，解决政治、经济、社会等领域的发展问题。例如，对比人类大脑处理能力，将散落在城市中硬件采集的各种数据集合起来，通过整体认知、机器学习和全局协同技术从海量数据中洞悉没有发现的复杂隐藏规律，制定全局最优策略来实现智慧化管理的城市大脑[23]；对比人类视网膜和大脑的协同处理，通过对城市视觉大数据的有效聚合、分析与挖掘，实现智能与城市管理深度融合的数字视网膜[24]。此外，在社会发展的关键领域，如面向自动驾驶的 Apollo 计划[25]、面向医学辅助诊疗的辅诊引擎平台[26]等。

1.3.3　混合智能

随着各种智能的发展，混合智能也逐渐进入大众的视野。最初的混合智能主要针对的是人机协作，即人类和人工智能合作完成一些任务。但是，随着科技的发展和研究的不断深入，现在的混合智能多指人机物多种智能体在信息空间、物理世界、计算世界和人类社会协作完成任务时体现出来的智能。传统时空尺度描述方法很难描述人机物混合智能直接的转变和映射关系，因此通过凝练人机物混合智能基本要素之间的关联关系，可以研究众多要素组成的计算体系结构的组成原理。在无尺度描述时，对各种性能指标、关联关系、约束条件、评价方法等基本原理进行探索，可以形成新的混合智能分析方法，用于研究复杂人机物混合智能的组成、扩展性和演进性的基本原理，并对混合智能的发展形成新的无尺度弹性计算。通过对人机物复杂空间的认知机理，以及相关计算模型的研究，可以建立复杂混合智能组成要素的有效表达模型，探索人机物混合智能关联的内在规律和协同机制，从而挖掘现有智能体系的共性关键技术，提出基于多学科融合的人机物混合智能特色的新型基础理论。

1.3.4　通用智能

通用智能与上述几类智能大不相同。人类智能、机器智能和群体智能的发展与应用相对成熟，而通用智能才刚刚起步，在度量方法等方面存在许多尚需解决的关键性问题。通用智能的度量包括对人类智能、机器智能、群体智能，以及其他类型智能的度量。它应该对任何异质的智能体在统一标准下进行。从结构上可以清楚地看出，通用智能衡量的是一个智能体在非常广泛的环境中表现良好的一般能力。正如非正式智能[27]定义所要求的那样，它不限制代理的内部工作，只要求代理能够生成输出和接收(包括奖励信号的输入)。此外，通用智能还能以一种自然的方式反映奥卡姆剃刀原理。这种方式既考虑环境的最小描述，又考虑计算时间。Legg 等[28]通过提取一些众所周知的关于人类智力本质特征的非正式定义，给出通用智能的正式定义，即通用智能是一个智能体在广泛环境中实现目标的能力。通过提取它们的基本特征，将其数学形式化，可对任意智能体的智能进行一般度量。2010年，基于Kolmogorov复杂性、C测试和压缩增强图灵测试，Hernández-Orallo 等提出一种通用的随时随地智能测试的思想。总之，目前通用智能的研究面临很多挑战，发展较为缓慢[29]。

1.4 面向群体的智能研究现状分析

众智是在群体智能的基础上发展而来的。群体智能的思想最早可追溯至孔子的“取百家所长，成一家之言”，引入自然现象和人类社会的关系之后，形成司马迁的“究天人之际，通古今之变，成一家之言”。其核心在于集群体智慧，完成难以独立解决的复杂任务，创造新价值。群体智能的英文有四种解释，分别是 Collective Intelligence(CI)、Swarm Intelligence(SI)、Wisdom of the Crowd(WC)、Crowd Intelligence(CrI)，对应四种研究路线，可概括为群体智能、集群智能、集体智慧、众智。其共同的目的是充分发挥协作力量，让智能高效协同并融入物理世界，为人类社会创造更大的价值。智能的协作已从早期的人类智能协作，发展为人类、机器、资源、社会的协同共生发展。

1.4.1 CI——侧重群体效应和合作行为

CI 译为群体智能、集体智慧等。其核心思想是通过多方协作，共同达成单方无法完成的目标。关于集体智慧的研究可分为 3 个阶段。第一阶段侧重通过集体智慧达成共识决策的研究，可以追溯到 1785 年 Caritat 的陪审团定理(Condorcet jury theorem，CJT)[30]。CJT 通过概率计算实现集体的正确决策，长期用于政治科学领域的陪审团机制等。第二阶段侧重通过群体效应实现智能性的研究，源自 1911 年 William 研究蚂蚁的协作过程时发现的蚁群通过个体之间的紧密协作机制，在觅食过程中，蚁群如同拥有智能，作为一个整体快速觅食。这种类似通过群体协作拥有智能的现象还广泛出现在自然界的鸟群和鱼群等生物群体，这也为后续出现的无人机和无人车集群的研究提供了策略和机制方面的启示。第三阶段侧重研究人类、机器形成的群体，使用类脑的团队组织方式，实现超越人类的智能和行为，在大规模工业发展、市场经济和社会管理中实现智慧型决策和管理[31]。

近年的主要研究路线集中在网络连接的人类、机器、软件机器人(bot)组成的异构型群体共同从事大型复杂任务，通过多种不同的群体协作形成大型组合，解决现有人力和技术无法解决的难题，从而创造新价值[32]。麻省理工学院等将由人和机器这些异构群体协作产生的新型智能命名为 Superminds(超级思维)[33]。与人工智能的区别在于，超级思维的核心在于通过全新的方式将人类的思维和机器的处理相互连接，形成新的集体型智能，从而解决政府、经济和社会领域中的重要问题。因此，连接、协同、决策就成为群体智能和传统个体智能的关键区别。

1.4.2　SI——侧重协作行为和自组织系统

SI 译为群体智能、集群智能等。Reynolds[34]曾于 1986 年开发了用于模拟鸟群和鱼群等动物群体运动的计算机原型程序 Boids。Beni 等[35]在研究蜂窝机器人系统的背景下正式提出 SI。初期 SI 的定义集中在群体思想方面，即对生物或人工设备构成的智能体(agent)，当大量智能体组成的群体在没有集中式控制，共同执行某种形式的任务时，会自发体现出一种有序的集体行为模式。这种自组织集体行为定义为群体智能[36]。因此，SI 的优势体现在三个方面，即可对群体单元快速重组时的经济性、即使损失部分单元也能共同完成任务时的可靠性，以及完成任务时体现的超越集中式系统的能力。

SI 和 CI 的区别在于，SI 更强调群体自组织体现出的能力，侧重组织的过程。去掉这种能力，任何一个个体单元都难以完成。因此，后续对 SI 的研究[37]侧重挖掘智能体群体构成的自组织网络是如何体现智能性的。例如，适合大规模节点自组织的全局优化算法[38]，如粒子群优化[39]、蚁群优化[40,41]，以及生物集群系统、机器人集群系统[42]、人工生命系统[43]、无人机/无人车等人工集群系统[18]。

1.4.3　WC——侧重集体智慧

WC 译为集体智慧、群众智慧等，源自 Surowiecki[44]写的一本同名书。Ober[45]在研究亚里士多德的政治学的过程中，找出了最早支持集体智慧的决策方法，从而将 WC 的出现推向了更早的古希腊时代。与多用于信息科学的 SI 区别在于，集体智慧更多应用在政治学、经济学、哲学、历史学和认知科学等人文领域，如 Collective Wisdom[46]等。信息科学中虽然引进了该思想，但并未对集体智能或智慧做根本改进[47,48]。

1.4.4 CrI——侧重人类智慧协作对社会的影响

伴随着众智计算引出的众智，强调人类在计算科学中的重要性。例如，研究如何通过人类和计算机系统形成的群体互操作计算，完成计算机系统难以独立完成的复杂任务[49-53]。众智计算初期的研究重点在于，解决小规模在线用户如何与计算系统有效互动，将人类智能融入机器智能的问题，因此各种人机互动软件，包括校对、选择、问答系统等有助于人机协作工作的接口研发占据主流[54]。之后的研究侧重探索内部机制，包括人类群体智慧对各种设备构成的计算系统如何影响和管理，从而快速解决计算系统或人类系统难以独立解决的复杂任务[8]；由人类-机器-软件组成的异构系统如何协作，从而达到最优控制的机理[55]；在系统中引入专家，参与处理、反馈、决策，形成混合的人机系统，从而最大限度地发挥人类知识在应用系统的作用[56]。经过学者的努力，该研究在 2017 年上升至众智科学的高度，即系统研究和激发个人与群体智能潜力的新方法[8]。众智基本定义最终形成，即众智是汇聚大规模自治的个体智能，通过形成一定的网络组织结构，超越个体智能的局限，进行具有挑战性的计算[7]。众智可解决共享经济下的很多挑战性问题，如区块链、电子商务，以及众包机制等，因此被誉为 AI 2.0 时代的主要特征。

1.5 众智的起源与定义

群体智能的研究已历经数百年发展，学术界对智能的定义一直处在不断发展中。从 CI、SI、WC，到最近提出的众智，每次对群体智能的重新定义都意味着有新的特征被凝练。CI、SI、WC 的一个共性是强调通过群体协作达成共识或完成共同目标。需要看到的是，随着新一轮科技革命和产业变革的发展，人工智能、大数据、数字经济深度融合，智能已赋能多个行业，发展出多个新的经济模式和产业生态，如区块链等。智能的定义已不再局限于传统人类智力或人工智能，跃升为能够激发新动能和高潜力的新模式。通过智能有效地组织人力、设备、信息、数据、算力、资产等各种有形和无形的资源，汇集优势力量，产生新价值，已成为新一代众智的显著特征。众智科学正发挥着群策群力、整合资源、激发潜力的作用，催生出人机共生、跨界融合、共享经济等新经济形态，推动产业链优化升级、生产力整体跃升，实现我国科技的跨越式发展。

相对于传统的群体智能，众智的独特性体现在三个方面：源头上，来自异质、异构的个体群；过程上，对各种有形、无形的资源进行优势整合；结果上，实现目标并创造新价值。

根据这些特征，我们对众智做如下客观的定义。

定义 1.1 众智是在世界(自然界)中，通过群体合作从而有效利用和管理各种有形的和无形的资源，实现目标并创造价值的能力。

众智本质上具有如下性质。

(1) 异质共融。众智作为新一代群体智能的形式，其组成已不再局限于生物群体、计算设备，以及来自物理世界的各种有形的实体，还包含软件、数据、信息，以及类似电子货币等广泛的电子化无形资源。这种无形资源虽然没有物理形态，但会对人类社会的发展起到深远影响。无形资源和有形实体共同协作，影响新科技的产生，体现人类智能对自然界正进行的颠覆性改造。因此，众智的一个根本改进体现在对无形资源的智能程度做定性描述。

(2) 无缝共生。智能是一种能力的描述，本身并不具有物理形态，只有依托承载系统才能体现价值。因此，智能与其承载的人类等生物群体、计算设备等实体、数据和电子资源等虚体之间存在基本的共生关系。智能的价值经常由完成的任务、提供的服务、实现的目标等体现。从智能到服务再到价值，通过在算法、软件、硬件、服务与环境之间无缝连接，形成异质群体相互协作的关系，从而汇聚多个异质群体在这种共生生态环境中体现的能力，实现复杂的目标，同时贡献新的价值。

(3) 弹性结构。众多异质个体组成众智系统。个体之间复杂的互连呈现网络结构，简称众智网络。类似于生命系统，不同规模的异质群体形成众智网络，能感知环境的变化，并实时改变自身的一种或多种性能参数，做出期望的群体重组，使其符合变化后的环境，因此众智网络呈弹性结构。众智网络的弹性结构具有自相似性的特征，在空间、时间、规模、局部和整体等方面存在相似性，因此通过分形等有效结构分析方法可以提高有形和无形资源的利用率，进而提升众智网络的创新能力。

(4) 自主进化。众多异质单元构成的群体在共同工作中可以形成过程系统。人类大脑拥有很强的逻辑推理能力，物理设备具有很强的计算和存储能力，虚体资源可以弥补物理设备不能表达或不能及时表达的其他能力，因此实体和虚体形成的群体协同工作可有效地进行优势互补。例如，人类大脑设计出的各种概率模型通过计算设备可以得出最优结论，并随着新的信息不断调整，使过程系统变得更加专业化，从而更高效地执行复杂的功能。进一步，通过人类大脑设计出的先进分析、学习模型，对各种可能的结果进行预测，可以决定群体系统的最佳协同工作方式，体现异质群体系统在进化过程的自主性。

1.6　智能的关系

1.6.1　智能之间的区别

从研究的出发点来看，人类智能主要是为了探索和度量人类的智力；人工智能主要是为了解决人们生活中的一些任务；群体智能主要面向复杂问题的优化和求解；众智科学智能理论的研究主要面向万物互联时代产业运行和社会治理的基础性问题，寻求其基本原理、规律与方法。从研究的环境与对象来看，人类智能是在社会环境中以人类为主要研究对象，人工智能是在互联网环境中以计算机、机器人等为主要研究对象，群体智能是在自然环境下以动物群体行为为主要研究对象，众智是在万物互联环境下以在线深度互联的大规模个人、企业、机构、物品与装备等智能体为主要研究对象。从研究的侧重点来看，人类智能主要侧重研究人类的大脑和智力的本质，人工智能主要侧重开展更智能化的计算机模型和任务，群体智能主要侧重各类优化算法，众智主要侧重开展大规模异质异构智能体协同运作的基本概念、原理、方法与规律。

1.6.2　智能之间的联系

众智属于智能的范畴，与人类智能、人工智能、群体智能有千丝万缕的联系。众智研究的主要是大规模异质异构的智能体，包括个人、机器、动物、企业、机构、物品、装备等。群体智能研究的是规模有限的同质同构智能群体。人类智能研究的主要是单一的人类个体。人工智能研究的主要是机器和计算机任务等。由此可知，众智是目前群体智能的系统拓展和深化，涵盖人类智能和人工智能。众智与智能、群体智能、人类智能、人工智能的关系如图 1.1 所示。

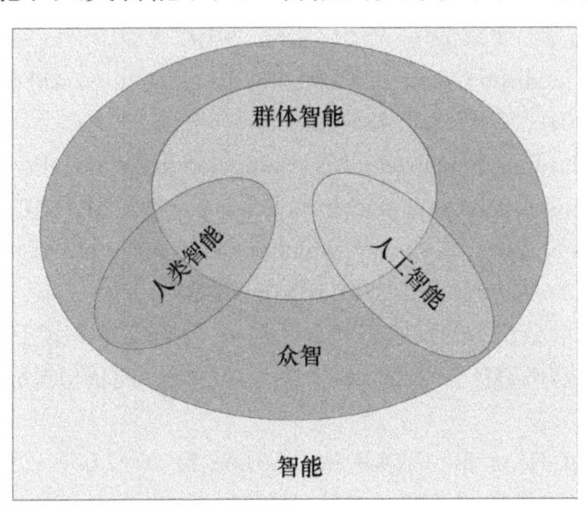

图 1.1　众智与智能、群体智能、人类智能、人工智能的关系

1.7 未来发展趋势

每一次的信息革命都离不开智能技术的界定和应用方式的革新。智能正推动着人类社会的发展和进步，未来将由传统的人类智能、人工智能、群体智能逐渐演变为混合的多元型智能形式，即众智。相较传统的人类智能、人工智能、群体智能的发展而言，众智还处在初期发展阶段。其优势主要体现在解决共享经济下的现代社会服务业问题。众智是汇聚大规模自治的个体智能，通过高效的网络组织结构，超越个体智能的局限，快速解决计算系统或人类系统难以独立解决的复杂任务的科学。众智可解决城市管理、国家治理、企业发展的很多挑战性问题，被誉为 AI 2.0 时代的主要特征。

1.8 本章小结

众智科学作为研究大规模在线互联异质异构智能体的系统学，是目前群体智能研究领域的系统化拓展和深化。它与最近的云计算、大数据、物联网、工业 4.0、人工智能等密切相关。随着众智科学的发展，如众智网络、众智机等系统正变得越来越智能化。研究众智科学的重大意义在于：在互联网环境下，为建立与形成网络化产业运行体系及社会治理方式提供科学依据和关键技术支撑。本章首先从整体上介绍众智科学的含义，并展示众智科学与智能的关系，然后提出众智的起源和定义，最后介绍众智的演进过程和研究现状。

参考文献

[1] 史忠植. 智能科学. 3 版. 北京:清华大学出版社, 2019.

[2] Silver D, Huang A, Maddison C J, et al. Mastering the game of go with deep neural networks and tree search. Nature, 2016, 529(7587): 484-489.

[3] Gershman S J, Horvitz E J, Tenenbaum J B. Computational rationality: A converging paradigm for intelligence in brains, minds, and machines. Science, 2015, 349(6245): 273-278.

[4] Shirado H, Christakis N A. Locally noisy autonomous agents improve global human coordination in network experiments. Nature, 2017, 545(7654): 370-374.

[5] 李国杰, 徐志伟. 从信息技术的发展态势看新经济. 中国科学院院刊, 2017, 32(3): 233-238.

[6] 张伟, 梅宏. 基于互联网群体智能的软件开发: 可行性、现状与挑战. 中国科学: 信息科学, 2017, 47(12): 1601-1622.

[7] Li W, Wu W, Wang H, et al. Crowd intelligence in AI 2.0 era. Frontiers of Information Technology and Electronic Engineering, 2017, 18(1): 15-43.

[8] Yu C, Chai Y, Liu Y. Collective intelligence: From the enlightenment to the crowd science//

Proceedings of the 2nd International Conference on Crowd Science and Engineering, New Jersey, 2017: 111-115.

[9] Shirado H, Christakis N A. Locally noisy autonomous agents improve global human coordination in network experiments. Nature, 2017, 545(7654): 370-374.

[10] Sternberg R J. A Triarchic Theory of Human Intelligence. Dordrecht：Springer，1986.

[11] Spearman C. The Abilities of Man. New York: MacMillan, 1927.

[12] Spearman C. Famous psychologists. https://www.famouspsychologists.org /charles-spearman/ [2020-12-22]..

[13] William S. IQ tests. http://mt.iq-test.eu/history/[2020-12-22].

[14] Turing A M. Computing machinery and intelligence. Mind, 1950, 59(236): 433-460.

[15] McCarthy J, Minsky M L, Rochester N, et al. A proposal for the dartmouth summer research project on artificial intelligence. AI Magazine, 1955, 27(4): 12.

[16] 谭铁牛, 孙哲南, 张兆翔. 人工智能: 天使还是魔鬼. 中国科学: 信息科学, 2018, 48(9): 1257-1263.

[17] 段海滨, 周庆瑞. 群体智能专题编者按. 中国科学: 信息科学, 2020, 50: 305-306.

[18] Bonabeau E, Dorigo M, Theraulaz G, et al. Swarm Intelligence: From Natural to Artificial Systems. Oxford: Oxford University Press, 1999.

[19] Guo B, Wang Z, Yu Z, et al. Mobile crowd sensing and computing: The review of an emerging human-powered sensing paradigm. ACM Computing Surveys, 2015, 48(1): 1-31.

[20] Zhang D. Keynote: Context-aware computing in the era of crowd sensing from personal and space context to social and community context// IEEE International Conference on Pervasive Computing and Communications Workshops, New Jersey, 2013: 1-10.

[21] 冯剑红, 李国良, 冯建华. 众包技术研究综述. 计算机学报, 2015, 38(9): 1713-1726.

[22] 徐志伟, 曾琛, 朝鲁, 等. 面向控域的体系结构: 一种智能万物互联的体系结构风格. 计算机研究与发展, 2019, 56(1): 90.

[23] 田丰, 杨军. 城市大脑：探索“数字孪生城市”: 城市交通数字化转型白皮书. https://www.aliyun.com [2020-12-22].

[24] 高文, 田永鸿, 王坚. 数字视网膜: 智慧城市系统演进的关键环节. 中国科学: 信息科学, 2018, 48(8): 1076-1082.

[25] Li Y H. Apollo program. https://36kr.com/p/1721668894721[2020-12-22].

[26] Ma H T. AI auxiliary diagnosis engine platform. https://tencentmiying.com/official/detailnews/634 [2020-12-22].

[27] Legg S, Hutter M. A universal measure of intelligence for artificial agents//International Joint Conference on Artificial Intelligence, Montreal,2005: 1509-1510.

[28] Legg S, Hutter M. Universal intelligence: a definition of machine intelligence. Minds and Machines, 2007,17(4): 391-444..

[29] Leimeister J M. Collective intelligence. Business&Information Systems Engineering, 2010, 2(4): 245-248.

[30] Caritat M J A N. Essai sur l'application de l'analyse à la probabilité des décisions rendues à la pluralité des voix. Paris: De l'Imprimerie Royale, 1785.

[31] Malone T W, Bernstein M S. Handbook of Collective Intelligence. Cambridge: MIT Press, 2015.
[32] MIT. MIT center for collective intelligence. https://cci.mit.edu/[2020-12-22].
[33] Malone T W. Superminds: The Surprising Power of People and Computers Thinking Together. New York: Little, Brown Spark, 2018.
[34] Reynolds C. Boids. http://www.red3d.com/cwr/boids/[2020-12-22].
[35] Beni G, Wang J. Swarm Intelligence in Cellular Robotic Systems. Berlin: Springer, 1993.
[36] Beni G. Swarm Intelligence. New York: Springer, 2012.
[37] Zhang Z, Long K, Wang J, et al. On swarm intelligence inspired self-organized networking: Its bionic mechanisms, designing principles and optimization approaches. IEEE Communications Surveys and Tutorials, 2013, 16(1): 513-537.
[38] Engelbrecht A, Li X, Middendorf M, et al. Editorial special issue: Swarm intelligence. IEEE Transactions on Evolutionary Computation, 2009, 13(4): 677-680.
[39] Kennedy J, Eberhart R. Particle swarm optimization// Proceedings of ICNN'95-International Conference on Neural Networks, New Jersey, 1995: 1942-1948.
[40] Dorigo M, Maniezzo V, Colorni A. Ant system: Optimization by a colony of cooperating agents. IEEE Transactions on Systems, Man, and Cybernetics, 1996, 26(1): 29-41.
[41] Dorigo M, Birattari M, Stutzle T. Ant colony optimization. IEEE Computational Intelligence Magazine, 2006, 1(4): 28-39.
[42] Beni G. Swarm intelligence. Complex Social and Behavioral Systems: Game Theory and Agent-Based Models, 2020, 6: 791-818.
[43] Hinchey M G, Sterritt R, Rouff C. Swarms and swarm intelligence. Computer, 2007, 40(4): 111-113.
[44] Surowiecki J. The Wisdom of Crowds. New York: Anchor, 2005.
[45] Ober J. Democracy's wisdom: An aristotelian middle way for collective judgment. American Political Science Review, 2013, 107(1): 104-122.
[46] Landemore H. Collective Wisdom: Principles and Mechanisms. New York: Cambridge University Press, 2012.
[47] Bai F, Krishnamachari B. Exploiting the wisdom of the crowd: Localized, distributed information-centric VANETs. IEEE Communications Magazine, 2010, 48(5): 138-146.
[48] Deng J, Krause J, Stark M, et al. Leveraging the wisdom of the crowd for fine-grained recognition. IEEE Transactions on Pattern Analysis and Machine Intelligence, 2015, 38(4): 666-676.
[49] Miller R. Crowd computing and human computation algorithm// Proceeding of the 2012 Conference on ACM CI, New York, 2012: 1-2.
[50] Murray D G, Yoneki E, Crowcroft J, et al. The case for crowd computing//Proceedings of the Second ACM SIGCOMM Workshop on Networking, Systems, and Applications on Mobile Handhelds, New York, 2010: 39-44.
[51] Chatzopoulos D, Ahmadi M, Kosta S, et al. OPENRP: A reputation middleware for opportunistic crowd computing. IEEE Communications Magazine, 2016, 54(7): 115-121.
[52] Pramanik P K D, Pal S, Pareek G, et al. Crowd computing: The computing revolution//

Crowdsourcing and Knowledge Management in Contemporary Business Environments, New York, 2019: 166-198.

[53] Parshotam K. Crowd computing: A literature review and definition//Proceedings of the South African Institute for Computer Scientists and Information Technologists Conference, London: 2013: 121-130.

[54] 纪雯. 人机物三元计算的主流学派及热点分析. 中国计算机学会通讯, 2019, 15(11): 68-74.

[55] Shirado H, Christakis N A. Locally noisy autonomous agents improve global human coordination in network experiments. Nature, 2017, 545(7654): 370-374.

[56] Ooi B C, Tan K L, Tran Q T, et al. Contextual crowd intelligence. ACM SIGKDD Explorations Newsletter, 2014, 16(1): 39-46.

第 2 章　众智科学智能理论的研究体系

2.1　概　　述

众智科学的相关研究仍处于早期阶段，缺乏关于异构群体智能协作及其影响的分析。众智科学智能的基本理论和关键问题尚不明确。为此，本章提出众智科学智能理论的基本研究体系，包括众智的度量与计算方法、众智的水平分析方法、众智网络的基本架构、众智的进化及计算方法，以及众智系统的评估方法。

众智度量与计算的主要研究任务是解决众智科学中智能的可计算性问题，为构建科学、可交易的众智网络系统提供基础。首先，研究影响众智的因素，建立个体智能的度量数学模型，进而形成众智度量指标体系。然后，建立以智能为核心的个体及多智能体的计算模型。最后，形成多个智能体综合智能的联合计算方法。众智的水平分析方法首先是确定众智水平的影响因素，基于该因素形成众智水平定性与定量的分析方法。然后，研究分析个体智能与众智水平的关系。最后，研究众智水平的建模与仿真方法。众智网络的基本架构研究以众智为中心的众智网络结构、分析方法及其组成部分和运行规则。众智的进化主要研究以下内容。

(1) 个体的进化。分析影响个体进化的内在因素和外部激励对个体进化产生的变化机理与描述方法。

(2) 多个个体的协同进化。建立个体之间协同进化过程的表达模型，以及多个个体协同进化的多点动态协同进化规则。

(3) 个体进化与群体进化的关系。建立个体-群体进化的协同机制，形成众智进化最优路径选择方法。

通过上述研究任务的确定，以及研究体系的建立，我们希望形成一种面向未来网络化众智型经济和社会系统的众智科学智能理论。通过分析智能在承载应用中的变化，以及在集合中可用的智能，挖掘众智科学智能理论在网络化经济社会中实际应用问题的潜力，解决未来网络化经济社会和人类发展的关键问题。

2.2　众智的度量与计算方法

2.2.1　众智的度量

众智最原始的表现形式有蚁群、蜂群、鸟类，以及人类社会。在蚁群中，不同类型的蚂蚁分工明确，以求合作共赢[1]。在现代人类社会中，我们处在一个大数据时代，网络群体智能指的是在以 Web2.0 为代表的互联网环境下，由用户的需求形成的一种智能群体。它当然也属于众智的一种形式，具体表现形式有博客、微博和电子商务等，可以实现人与人之间无障碍地沟通与交流[2]。影响众智的因素主要包括群体的规模、群体的专业分工情况，以及群体中智能主体之间的交互作用。

1. 群体规模

以 Web2.0 为代表的互联网构成的网络群体为例，过去上网普及率很低，即便是上网，大多数网络用户也只是浏览信息。这时的群体智能并没有明显显现，大众主要通过报纸、电视获取信息，新闻联播还是大家获取信息的主要渠道。显然，这种获取信息的渠道比较单一，网络群体的智能化程度一般。随着 Web2.0 的到来，更多的用户开始通过上网获取信息，而且很多用户不仅是内容的浏览者，还是内容的创作者。例如，知乎、博客、微博等让用户有了另一个身份，即信息的创作者。此外，博客还有转载等功能，用户还可以是信息的传播者。通过这种形式，信息被充分地共享。这些用户构成的网络群体可以极大地发挥网络的功能，使用户浏览网页并表达自己的想法，传播有价值的信息，实现信息共享。此时，网络群体的智能化程度明显提高[3]。可见，从之前小规模的网上群体到现在的网络大军，网络群体智能随着规模的改变而发生质的改变，智能化程度也随之改变。之前的网络群体智能只能通过极少数人在有限的网络资源中体现，因此给这些人带来的收益也微不足道。随着更多的人涌入互联网大军，吸引更多的人加入其中贡献自己的智慧，网络群体智能更加明显并成为人们生活的一部分，因此群体的规模对众智的影响比较大。

2. 群体中主体专业与分工

以网络群体智能为例，在 Web2.0 环境下，群体网络有不同的分工，如信息的发布者(各大新闻 APP、头条 APP 等)、信息的收集者(大数据时代下，爬取相关信息数据进行分析)、信息的传播者(在不同的平台上可以看到当下热点事件)。按照各自的分工，网络群体能够实时地获取信息。只有明确群体网络中各自的分工，各司其职，群体智能才能得到显现[4]。

3. 群体中智能主体间的交互

影响众智网络智能的还有群体间的交互，换句话说就是信息共享的程度。例如，蚁群通过信息素进行交互[5]，人类社会通过语言进行交互，鸟群通过短程交互作用的方式实现信息的传递和协调[1]。因此，只有充分地交互信息，群体才能不断进化、壮大。群体网络也是如此，群体网络中只有很少一部分用户之间的信息共享时，群体网络的优势是无法彰显出来的。最经典的一个数据挖掘的案例是“啤酒加尿布”。此后很多超市，甚至一些 APP 开始将这种数据挖掘技术应用的各自的领域，形成现在的智能推荐、智能识别等，因此群体间的交互促进了信息共享，通过相应的技术使产品更加智能化。

2.2.2 众智的计算方法

1. 个体智能的计算

在度量众智的智能时，首先要解决的是在众多异质个体组成群体时，从无序混乱状态到有序宏观决策的表达问题。满足该描述的最佳物理学测度为熵。熵是目前发现的能够较好地描述不确定性的一种计算工具，可对变化情况做度量分析。因此，可以将熵理论引入智能变化的量化分析中，对个体智能的变化进行分析计算。

2. 面向业务的智能计算

(1) 业务熵[6]。热力学中熵的定义代表材料参数的一种状态，其物理意义是混沌系统的一个程度。下面利用业务熵量化众智网络的智能水平。智能主体的专业种类指具有不同功能，完成不同子任务的各类智能主体[7]。假设系统有 N 个智能主体，M 个专业类别，业务熵定义为

$$P_d = -\sum_{i=1}^{K} \frac{M_i}{N} \ln\left(\frac{M_i}{N}\right) \tag{2.1}$$

其中，M_i 为第 i 种专业类型中智能主体数量，是众智网络水平与业务熵之间的关系。

由于众智网络能够完成各种各样的子任务，并且这些子任务被分配给网络内的主体，因此群体中主体专业种类的分布对众智网络的智能水平有很大的影响[8]。

本节基于信息熵理论[9]，引入业务熵分析众智网络的智能水平，描述众智网络中主体专业种类与众智网络智能水平之间的相关性。根据业务熵公式可以发现，当主体种类为 1 时，业务熵为 0，恰好对应单个智能主体。当众智网络中主体的专业种类服从均匀分布时，其值最大。除专业种类外，众智网络中单个主体的智能水平[10]、主体间的信息共享量[11]等因素也会影响众智网络的智能水平。因此，在描述众智学科专业类别与众智网络智能水平的相关性时，也需要考虑其他因素。

(2) 基于业务熵度量众智水平。利用业务熵与众智水平的非线性负相关的关系，通过业务熵的形式可以度量众智水平。其度量步骤包含找到影响业务熵的主要因素；通过这些因素与业务熵之间的正比或者反比关系建立模型，表达影响因素与众智水平的关系；根据模型对实际案例进行分析。

3. 异构智能的计算

异构智能应该包含许多不同类型的智能体。人类和人工智能是现实世界中最具代表性的两个智能体。因此，我们以人类和人工智能为例来探究异构智能的计算方法。人类智能包括许多能力。然而，人工智能主要是为特定任务生成的。以往的研究只注重任务特异性技能或普遍能力，忽视异构智能体的混合属性。针对异构智能体的混合特性，我们将响应质量和响应时间相结合，描述智能体的混合特性。

2.3　众智的水平分析方法

2.3.1　众智水平

众智水平是众智网络中各类智能主体协作完成任务获取的期望奖励。一个特定的众智网络是可以完成许多不同任务的各类智能主体构成的网络。文献[12]指出，众智网络中的智能主体可以采取协同行动完成任务，并对环境进行反馈。环境收到任务完成反馈后，通过奖励的数值对完成任务的质量进行量化，并将其反馈给众智网络。某一特定的众智网络可以完成多个不同的任务，对不同的任务，网络的表现也是不同的。该研究还指出，智能主体可以向环境发送一个动作信号，并从环境接收与当前动作相对应的奖励。在完成某一项任务的过程中，所有的智能主体与环境之间的交互都能得到一个累积奖励。众智水平可以看作这个累积奖励。智能体与众智网络、环境的交互示意图如图 2.1 所示。图中动作表示在一个特定的专业种类中完成一项子任务的专业技能，或者主体之间的交互。

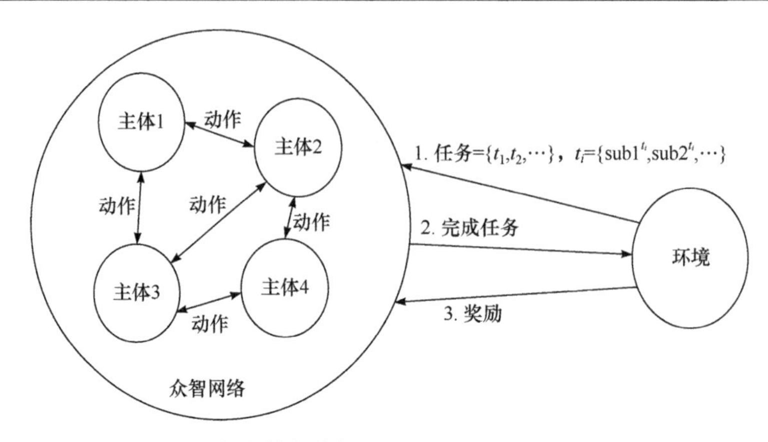

图 2.1　智能体与众智网络、环境的交互示意图[12]

在图 2.1 中，环境不断地向众智网络分配不同的任务。由于任务可以细化为多个子任务，众智网络中的每个智能主体通过与其他主体协作，依靠其专业技能完成相应的子任务。最后，完成这些任务的智能主体可以根据环境给出的奖励进行量化。

2.3.2　众智水平影响因素

众智水平受多个因素的影响，包括智能主体规模、智能主体专业种类、众智网络拓扑结构、智能主体共享信息量等。本节对众智水平与这些因素的相关性进行初步分析。

(1) 众智水平与智能主体规模的关系。在其他条件不变的前提下，众智水平与智能主体规模非线性相关[13-16]。

(2) 众智水平与智能主体专业种类的关系。基于式(2.1)，众智水平与智能主体专业种类的关系表现为众智水平与业务熵 P_d 之间的关系。在其他条件不变的前提下，众智水平与智能主体专业种类非线性正相关[6]。

(3) 众智水平与众智网络拓扑结构的关系。众智水平与众智网络拓扑结构密切相关。表征网络拓扑结构的主要统计量包括节点(智能主体)的度分布 $P(k)$、聚集系数 C 和平均距离 L。研究应分别给出众智水平与 $P(k)$、C、L 的关系[17,18]。在其他条件不变的前提下，众智水平与 $P(k)$非线性正相关。在其他条件不变的前提下，众智水平与 C 非线性正相关。在其他条件不变的前提下，众智水平与 L 非线性负相关。

(4) 众智水平与智能主体共享信息量的关系。在众智系统动态演化过程中，智能主体之间的信息交换和共享影响众智水平。一般而言，智能主体可交换和共享的信息类型主要包括其成本函数、策略转换规则、行为等。通常情况下，为了研究众智水平与智能主体共享信息的关系，需要基于共享信息量进行研究。

设有 N 个智能主体，第 j 个智能主体可交换和共享的信息种类为 M_j，每类信息在系统动态演化过程中可共享或不可共享。若共享，共享范围为其直接相连的邻居(取决于智能主体的度 k)或全系统。同时，为每类信息的重要程度设置权重，则系统可交换与共享的信息量可定义为

$$I_s = \sum_{i=0}^{N}\sum_{j=0}^{M_j} R_j W_j F_j \tag{2.2}$$

其中，R_j 为第 j 类智能体交换和共享信息的范围；W_j 为第 j 类智能体中可交换、可共享信息的权重；F_j 表示第 j 类智能体的信息是否可交换，取 1 或 0。

在其他条件不变的前提下,众智水平与智能主体共享信息量非线性相关[19-21]。

由于众智网络的复杂性，影响众智水平的因素有很多。影响因素的不确定性，以及影响因素与众智水平的函数关系式难以确定，无法同时基于这些因素对众智水平进行定性定量的分析，难以对众智水平建立一个模型。因此，可以采用控制变量法，保证在其他所有因素不变的条件下，针对某一因素，对众智水平进行定性分析或定量分析，确定这一因素与众智水平可能存在的函数关系式。

基于控制变量法,在假设众智网络环境中仅有共享信息这一因素发生变化，其他所有因素都不变的条件下，可以分析众智水平与共享信息量的相关性，进行定性分析。文献[21]基于供应链结构进行了仿真实验。实验假设仅供应链结构中的信息共享条件变化，其他条件都不变，探索供应链中不同角色的成本函数和整个系统的总成本函数与信息共享的相关性。实验结果表明，系统总成本与信息共享存在非线性正相关关系，有可能是指数函数关系。我们可以使用系统总成本表示供应链网络的智能水平，验证众智水平与信息共享间的非线性相关性。

2.3.3　建模与仿真方法

建模和仿真方法也可以理解为解析和仿真方法。建模或解析过程主要是分析影响因素与众智水平可能存在的函数关系。在分析众智水平与影响因素的相关性时，可以根据自然界、心理学、经济学等学科中的一些实例进行分析并猜想众智水平和影响因素可能存在的关系，然后结合这些因素，构建模型，对众智水平进行定量分析。建好模型后，通过仿真实验或实例分析，验证模型的有效性与准确性。在大多情况下，考虑所有影响因素进行模型的构建具有很大的挑战。我们可

以在控制变量法的基础上进行模型的构建，仅针对某个因素进行建模，分析该因素与众智水平间可能存在的关系。通常情况下，研究人员会基于某一点进行扩展，例如众智水平与智能主体专业种类的关系，以及影响业务熵的因素，包括专业分布偏差(professional distribution deviation，PDD)和主体交互模式(subject interaction pattern，SIP)[6]。将这两个主要因素引入新的业务熵模型中，可以建立多因素业务熵量化模型，并对新建模型进行实例分析，验证众智水平与智能主体专业种类的关系。文献[21]对构建的供应链模型进行仿真实验，验证模型的有效性和准确性。

2.3.4 基于个体智能研究

在面向网络全民决策的众智基本原理、面向众包的众智基本原理、面向供应链协同运作的众智基本原理和面向 WIKI(多人协作的写作系统)的众智基本原理的研究中，都是建立好对应的众智机模型，然后采用解析方法和计算机仿真方法，分析个体智能与众智水平的关系，给出影响众智水平的关键因素及其与个体智能之间的定量关系。以面向供应链协同运作的众智基本原理研究为例，复杂供应链协同运作过程(如电商的订单履行过程等)由多个相互关联的供应链节点企业或个人(智能个体)形成供应链网络(多个智能个体构成的众智网络)。研究以建立供应链协同运作的众智机模型为目的，采取解析方法和计算机仿真方法，分析研究个体智能(供应链节点企业或个人)与众智水平的关系，给出影响众智水平的关键因素及其与个体智能之间的定量关系。

2.4 众智网络的架构

将可变规模的异质智能群体有效组织起来并完成目标任务存在很大的挑战。众智智能体构成了庞大的网络型架构。与传统复杂网络不同，众智网络具有灵巧的网络互联架构。众智网络将规模可变的异质智能群体如同拥有人类智能一样有效组织起来，其内部隐含着复杂的学习、推理、决策、控制过程。进一步，我们定义了以众智为中心的众智网络基本架构，如图 2.2 所示。

众智网络是对物理空间客观存在的设备、数据、系统、平台、资产、服务、功能、性能等的数字表示。每个物理空间的实体都可通过数字孪生的方式在众智网络中找到对应的数字虚体。在众智网络内，可以实时接收来自物理空间的实体数据和信息，采用模拟人类的思维和智能推演分析的方法，对映射至众智网络的数字虚体进行分析、学习、推理、预测、决策、规划和进化推演，并将计算结果反馈至物理空间，从而对实体对象进行重组、优化和决策。

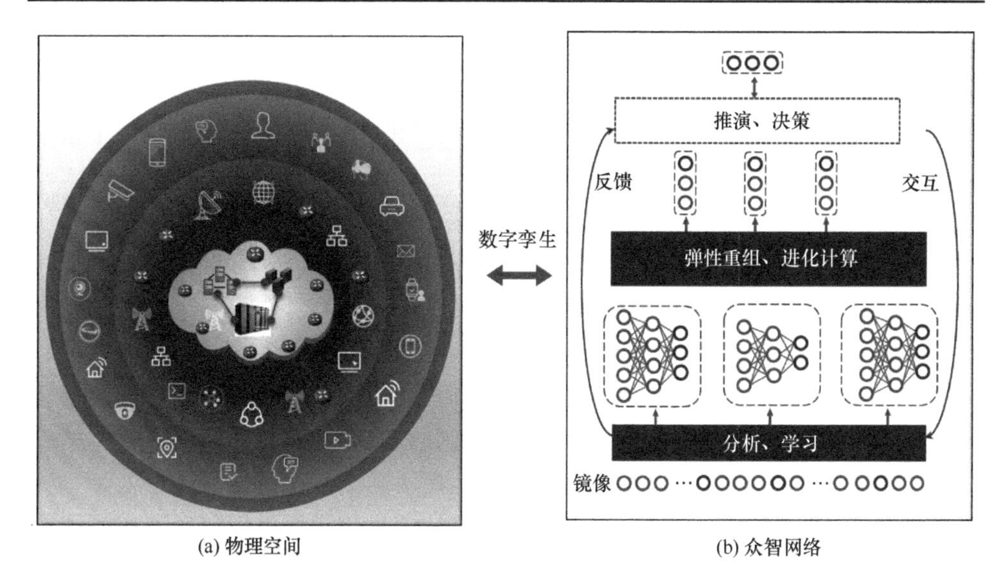

(a) 物理空间　　(b) 众智网络

图 2.2　众智网络基本架构

众智网络本质上隐含了一个大型推演系统，具有如下性质。

(1) 实时镜像。物理空间中的每个实体通过数字孪生技术对应众智网络中唯一的实时镜像节点。该节点是实体状态在众智网络空间的实时映射。

(2) 推演计算。它不但与物理空间的实体同时存在并共同发展，可以对物理对象的生命周期进行完整描述，而且具有强大的推演功能。通过分析、学习人工智能组件，对个体的行为决策做估计，对实体的组合进行重组计算，并通过进化计算等对实体的发展进行推演，可以计算出最优的发展路线。

(3) 智能变化推演。对比公式推演系统，众智网络推演计算系统在于对智能变化的推演能力。每个实体在众智网络映射形成数字虚体之后，可在众智网络空间对智能变化的情况进行分析，并推演至群体系统，分析组合、策略、控制、应对方法等不同时系统的运营估计结果，从而提高物理世界科技发展的方向、经济资源的配置、生产力整体的跃升、产业链优化升级的效率。

2.5　众智的进化

随着外部和内部发展的变化，智能个体和群体的智能不断变化。如何确保智能个体向好的方向有效进化，并不断地提高个体和群体的智能水平是一个重要的研究问题。这就需要探索众智网络中智能个体的进化规律。众智的进化理论是个体智能、群体智能有效进化的机理、方法和手段。所有智能个体共享一个环境，通过通信和协作基础来建模复杂的进化系统。在实际环境中，每个智能个体通过与其他个体和环境的互动来学习改进自身的策略，并促进环境中整个群体策略的产生，从而实现个体的自我进化和群体的结构进化。众智进化需要满足以下基本条件。

(1) 研究对象是智能水平随时间动态变化的群体。

(2) 个体本身和群体结构要同时发生改变。

(3) 个体的进化过程有一定的规律性。

(4) 群体的进化过程有一定的随机性，会产生新变种或新特征。

从个体的角度来看，需要研究个体的自我进化，以及个体进化对其他智能个体的影响，同时分析外部激励进化的机理和算法。在没有任何决策或协作工作时，众多智能个体独自进行着某种内在心理活动或外在行为活动，处于一种静止状态。当任意一个或多个智能个体发起特定决策或协作任务后，相关智能个体在协作的基础上综合考虑环境信息和自身策略，确定策略转换规则，经过单次或多次演化博弈后形成决策或协作任务结果。智能个体的行为形成或选择过程是智能个体自身的动态演化过程。决策或协作是智能个体之间行为互动的博弈过程，即智能个体只能从博弈的结果中认识和推断其他个体，并尝试制定或学习改变自己的行为。行为博弈是具有异质性偏好和多样化行为的智能个体之间的交往和互动过程，其结果是形成某种演化均衡。智能个体在进化后将提升自身智能水平。

从群体的角度来看，智能个体之间行为互动的博弈过程是众智网络的动态演化过程。特定博弈结果的选择实质上是网络演化的一个方向，其结果具有不可预测性。众智网络中每个智能个体的进化会促进群体的进化，形成更智能、组织性更好的群体网络结构。其中，众智网络的结构进化表现为众多智能个体参与的演化博弈过程，演化均衡或结果取决于智能个体的进化规律。进化规律包括所有智能个体自身需要遵循的特定规律和整个群体随目标或任务不同而改变的动态规律，二者缺一不可。任何复杂的任务都需要通过自下而上的个体决策和自上而下的群体结构指导来完成。如果没有自上而下的群体指导和管理，自下而上的行为方式在面临很多选择的时候会停滞不前。如果没有自下而上的个体决策，就不能高效解决复杂的问题。面对众智网络的结构进化问题，需要分析群体进化中的信息，以及外部激励产生变化的机理和描述方法，建立智能在结构进化过程中产生的增量模型。在群体协作和个体进化的基础上，可以实现整个网络结构的进化。群体的结构进化示意图如图 2.3 所示。

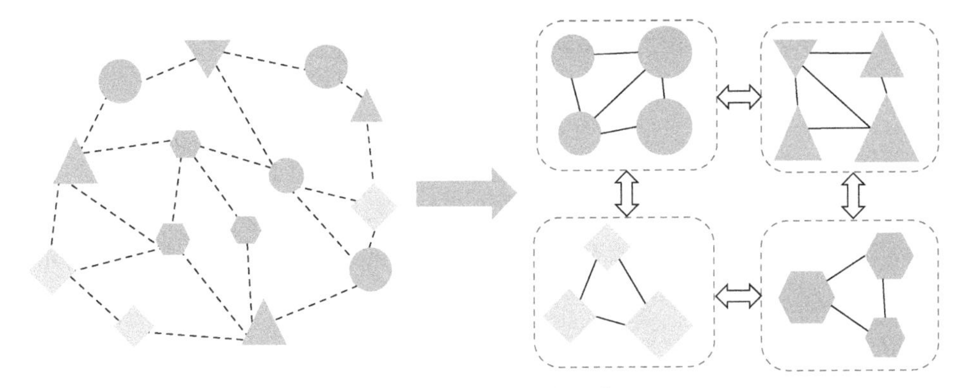

图 2.3　群体的结构进化示意图

2.6　众智的评估方法与评价体系

众智科学智能理论涵盖较为复杂的信息、物理、意识三元融合的众智网络系统，因此有必要建立一套众智的评估方法，客观、全面地分析、研究、评估众智科学中的智能。

2.6.1　能力评价参数体系

本节提出一个众智的评价体系，如图 2.4 所示。我们抽象出一些在与任务交互期间决定智能体性能的主要指标。一级指标包括系统有效性、专业复杂度和群体协同性。二级指标包括质量、效率、效益、个体复杂度、任务复杂度、环境复杂度、适应性、变异性和进化性。

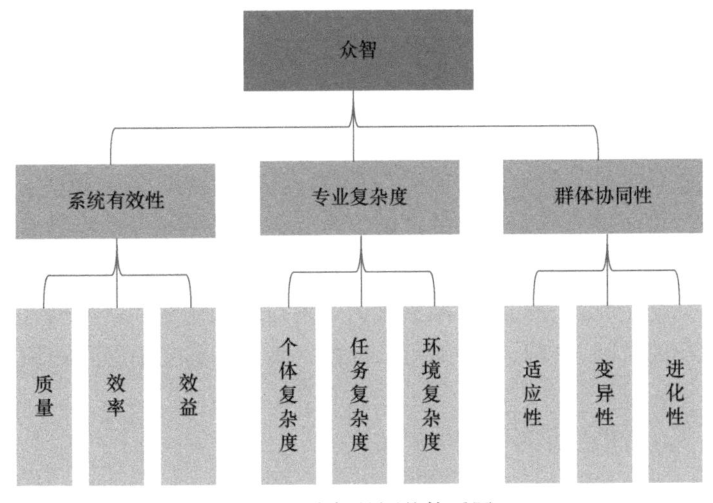

图 2.4　众智的评价体系图

2.6.2 能力评价参数体系一级指标

1. 系统有效性

在对众智的能力进行分析时，首先需要考虑的是系统的有效性。系统的有效性需要从众智群体完成任务的整个过程来分析。我们总结了三个指标来刻画系统的有效性，即质量、效率和效益。首先观察任务的完成质量，然后考虑任务完成过程中的效率，最后考虑任务结束后整个系统产生的效益情况。

2. 专业复杂度

在众智系统有效性的基础上，还需要考虑专业复杂度的问题。系统有效性不但与智能体本身有关，有时还受到专业复杂度的影响。例如，相同的智能体在处理简单任务和复杂任务时，体现出来的有效性是不一样的。因此，在分析专业复杂度的时候，需要从智能体的本身、处理的任务和所处的环境来分析，即个体复杂度、任务复杂度和环境复杂度。

3. 群体协同性

由于众智涉及多个智能体之间的行为合作，因此众智的分析还要考虑群体协同性。我们主要从多智能体在共同处理任务时的交互和变化情况来分析，相关指标主要包括适应性、变异性和进化性。适应性指智能体对当前任务的适应情况，类似于生物的应激性。变异性指智能体在处理任务时发生的一些突变。有时候，突变是进化的基础。进化性指智能体在应对一些困难任务时做出的改变。

2.6.3 能力评价参数体系二级指标

1. 系统有效性的三个性能指标

1) 质量

一个智能且有效的系统能够通过与其执行任务的持续交互学习任务的内在规律获取知识，进而提升其对任务的理解，更好地完成任务。系统完成任务的质量可以评估一个系统的智能水平。

我们将系统完成任务的质量抽象成为一系列的行动奖励。奖励可以通过采取的行动、执行的时间，以及任务的复杂性得出利用计算奖励序列的预期累积奖励来量化。

系统完成任务的质量可以抽象表达为

$$\sum_{t \in T} R_t(m, K, a) \tag{2.3}$$

其中，m、K、a 为任务执行的时间、任务的复杂性、执行任务 t 采取的行动策略。

2) 效率

任务完成的效率是衡量系统智能程度的必要指标。一个高智能的系统应该在任务完成的过程中保持高效率。针对相同的任务，在保证相同完成质量的前提下，系统效率值越高，则系统的智能程度越高。

3) 效益

在任务结束后，整个系统通常会产生一定的效益。通过对效益值的评估，可以得出一个系统的净产出价值。具有高净产出价值的系统，通常具有较高的智能程度。

2. 专业复杂度的三个主要维度

1) 个体复杂度

个体的复杂程度表征其内在规律的困难程度。我们通常规定，个体的复杂度是对其进行相关操作、处理、分析所存在的困难程度的度量。个体复杂度具有整体性和动态性等特点，并且常受先验知识的影响。

2) 任务复杂度

任务复杂度用于描述任务的难度并影响奖励、任务的执行时间及其占用的空间。在用计算机处理任务时，通常通过两个维度衡量任务的复杂度，即时间复杂度和空间复杂度。通过这两个维度，我们可以评估执行任务消耗的资源。

3) 环境复杂度

智能体执行任务可以看作智能体和环境之间的交互过程。环境的复杂度影响完成任务的质量和难度。

3. 群体协同性的三个性能指标

1) 适应性

适应性指在所处环境中，智能体对当前任务的适应情况，在适应当前环境所需的代价在容忍阈值的情况下，智能体能够适时地根据当前任务改变自身的决策，协同整个群体的行为。

2) 变异性

变异性指智能体在处理任务时发生的规则以外的变化。变异能够增加群体的多样性，改变群体协同的规则，甚至引发整个群体的进化。

3) 进化性

进化性指智能体在应对一些困难的任务时做出的改变。进化是一个动态的过程，涉及许多变量和个体。

2.6.4 基于参数体系的众智聚合计算范式

通过众智的分析和参数体系的确立，可以得到众智的能力聚合计算范式，即

$$I = RVB \tag{2.4}$$

其中，R 为系统有效性；V 为专业复杂度；B 为群体协同性。

个体在越复杂的环境和任务中，体现出更好的群体协同性，实现更高的系统有效性的时候，众智的能力就越大。

2.6.5 层次式评价体系

1. 分析评价体系

我们提出的众智层次式评价体系不但包含智能体的多方面能力，还包含整个众智系统的能力情况。其涉及的刻画指标涵盖个体、群体、整个系统，以及过程、结果、未来的影响等方面，从总体上形成一体化的评价体系。

2. 一级指标计算方法

系统有效性的计算公式为

$$R = \alpha\beta\chi$$

其中，α 为质量；β 为效率；χ 为效益。

专业复杂度的计算公式为

$$V = V_c + V_t + V_e$$

其中，V_c 为个体复杂度；V_t 为任务复杂度；V_e 为环境复杂度。

群体协同性的计算公式为

$$B = \lambda\varepsilon\delta$$

其中，λ 为适应性；ε 为变异性；δ 为进化性。

2.6.6 众智的协同进化评价方法

1. 个体智能提升的角度

在众智的进化过程中，每个智能个体的智能水平将发生改变。个体智能的大小与群体智能有紧密的关系。个体智能进化的好坏直接影响群体智能进化的好坏。我们已经给出个体智能变化的泛函表达，即智能熵。基于智能熵的计算公式，可以从所有个体智能水平的变化评价整个众智系统的进化情况，即

$$E = \sum_{k=1}^{K} H_k = \sum_{k=1}^{K} C \sum_{j \in N} P_j^k \ln A_j^k \tag{2.5}$$

其中，H 为个体的智能熵；K 为群体中智能个体的数量；N 为获取智能变化的途径的种类；P_j 为智能从路径 j 获取的概率；A_j 为从路径 j 获取的智能大小。

2. 整体目标实现的角度

整个群体一般是在共同面对某个任务或目标时通过协作交互实现众智的进化。从整体目标实现的角度来看，可以通过对比众智网络进化前后的能力，评价众智的进化情况。我们已经分析了众智的智能，并确定了参数评价体系，给出众智的能力聚合计算范式。通过计算众智系统进化前后的聚合能力变化情况可以评价众智的进化情况，即

$$E = \Delta I = \Delta I_a - \Delta I_b = R_a V_a B_a - R_b V_b B_b \tag{2.6}$$

其中，ΔI_a 为进化后众智系统的聚合能力大小；ΔI_b 为进化前众智系统的聚合能力大小；R_a、V_a、B_a 为进化后众智系统的有效性、专业复杂度、群体协同性；R_b、V_b、B_b 为进化前众智系统的有效性、专业复杂度、群体协同性。

2.7 本章小结

针对目前仍处于早期研究阶段的众智科学理论，本章给出众智科学智能理论的主要研究方法。众智的度量与计算方法是开展后续其他方法研究的基础。通过结合众智网络背景分析众智科学智能理论的其他研究方法，我们给出众智的一些评估方法。通过上述理论研究方法，我们能够更加系统地研究与分析众智科学中的智能。

参考文献

[1] 肖人彬. 群集智能研究进展. 管理科学学报, 2007, 10(3):80-95.

[2] 王华. 大数据时代下网络群体智能研究方法. 计算机与现代化, 2015, (2):1-6.

[3] 王玫. 群体智能研究综述. 计算机工程, 2005, 31(22):194-196.

[4] Dorigo M, Maniezzo V, Colorni A.The ant system:Optimization by a colony of cooperating agents. IEEE Transactions on Systems,Man , and Cybernetics-Part B, 1996, 26(1):29-41.

[5] 陈永芹, 闫芝莉. 蚂蚁. 北京: 中国中医药出版社, 2001.

[6] Li Z, Pan Z, Wang X, et al. Intelligence level analysis for crowd networks based on business entropy. International Journal of Crowd Science, 2019, 3(3):249-266.

[7] Lee J, Kramer B M. Analysis of machine degradation using neural networks based pattern discrimination n-model. Journal of Manufacturing Systems, 1992,12(3):379-387.

[8] Neubauer A, Fink A. Intelligence and neural efficiency. Neuroscience and Bio Behavioral Reviews, 2009,33(7): 1004-1023.

[9] Paninski L. Estimation of entropy and mutual information. Neural Computation, 2003, 15(6):1191-1253.

[10] Nelson H, O'Connel A. Estimation of premorbid intelligence levels using the new adult reading test. Cortex, 1978,14 (2): 234-244.

[11] He X, Zhu Y, Hu K, et al. Information Entropy and Interaction Optimization Model Based on Swarm Intelligence. Heidelberg: Springer, 2006.

[12] Liu J, Pan Z W, Xu J C, et al. Quality-time-complexity universal intelligence measurement. International Journal of Crowd Science, 2018, 2(2): 99-107.

[13] Aral S. Walker D. Identifying influential and susceptible members of social network. Science, 2012, 337(6092):337-341.

[14] Simmel G. Sociological theory. http://www.rickweil.com/s3101/[2020-08-01].

[15] Ioanna L. A self-regulating wiki to promote corporate collective intelligence through expert peer matching. Information Science, 2010, 180(1):18-38.

[16] Hu W C. Deriving collective intelligence from reviews on the social web using a supervised learing approach. Expert System with Application, 2011,38(10):13149-13157.

[17] Du S Y, Qi J Y. Muti-agent modeling and simulation on group polarization behavior in web2.0. Journal of Network, 2014, 9(8): 2003-2012.

[18] 杜思雨，齐佳音. 社交网络结构对群体观点极化的影响. 信息系统学报, 2014, (1): 22-32.

[19] Wang X N, Pan Z W, Li Z X, et al. Optimizing information sharing in crowd networks based on reinforcement learning. https://doi.org/10.1145/3371238.3371240[2019-12-20].

[20] Wang X, Pan Z, Li Z, et al. Adaptive information sharing approach for crowd networks based on two stage optimization. International Journal of Crowd Science, 2019, 3(3):284-302.

[21] Liu S Y, Wang H W, Sun J H. Quantifying value of information sharing in supply chain: Research by simulating based on agent. Journal of Systems Engineering, 2004, 360(25):2680.

第 3 章　众智的度量

3.1　概　　述

为了使众智网络更加有效、可控和可持续，有必要建立一种能够评估众智网络中每个智能体智能水平的度量方法。然而，目前对于什么是智能还没有统一的定义，如何定量描述智能也没有明确的方法。因此，为了评价众智网络系统的智能，我们需要建立众智的度量方法，全面、系统地描述众智的定量化描述方法。

智能测试是在多任务条件下度量人类智力程度的一个很好的例子。目前的智能度量方法可以分为人类的智力商数(intelligence quotient，IQ)测试和机器智能度量。IQ 测试主要通过人们对知识、文字和图形的感知理解来对个人的智力进行测试。机器智能可以基于人类识别、问题基准、任务响应理论估计和算法信息论进行度量[1, 2]。测试人员的智商水平通过评估他们完成任务的质量来量化。图灵测试是众所周知的智能测试方法[3, 4]。在这个测试中，一个系统应该在一段时间内与一个或多个评判对话。如果人类不能区分系统和人类，系统就可以被认为是智能的。近年来，人们提出一系列智能度量方法。例如，带有压缩练习的强化图灵测试，用于度量归纳推理能力的最小消息长度(minimum message length，MML)[5,6]；带序列完成练习的 C 测试，使用来源于 Kolmogorov 复杂性的结构对练习复杂性进行数学量化[7]；图灵测试相关的 captcha(完全自动化的公共图灵测试，用于区分计算机和人类)[8-11]。测试的目的是区分计算机和人类，以确保操作或访问仅由人执行。考虑测试可能随时中断，文献[12]设计了一个随时随地的智能测试，可以实时更新智能体的智能水平。此外，还有研究提出，通过一组游戏作为衡量人工智能模型智能水平的基准[13]。这种方法的主要贡献是对通用智能处理有限时间的扩展，并利用抽样的方法对游戏空间进行适当偏向的游戏描述语言表达。Legg 等[14]通过研究实际问题，开发了一个原型方法来评估不同的人工智能体。然而，上述的研究都有以下缺点。

(1) 衡量因素不全面，不能综合考虑两个以上的因素，如奖励质量、时效性、环境复杂性等。

(2) 未考虑因素间的相关性。

(3) 缺乏面向非人的智能度量方法。

随着人工智能的迅猛发展，非人的智能体展现的能力越来越强。这些非人的智能体究竟有多少智能，至今没有一个明确的公式可以计算出来，因此需要一种面向非人的智能度量方法。该方法应该能合理、有效、可计算地度量此类智能体的智能量。

针对上述问题，本章提出质量-时间-复杂度模型、质量-复杂性-任务模型，以及面向非人的基于数据同化的众智网络智能度量方法。

3.2　质量-时间-复杂度模型

在众智网络中，许多智能体能通过相互协作完成某种复杂的任务[15]。如何以最优的方式将任务分配给智能体是众智网络的首要问题，由于智能体具有不同的能力(如专业、可靠性等)，优化任务分配应基于对智能体能力的评价。然而，智能体本身是多样的，它们在一个混合空间中运行，包括信息空间、物理空间和意识空间。这种混合空间会随着智能体专业和任务的变化而变化。

针对众智网络中的智能体，本节提出一种智能度量方法。我们将该方法命名为质量-时间-复杂度(quality-time-complexity，QTC)智能度量方法。它可以通过评估复杂性、奖励质量和时效性三个因素进行智能度量。我们证明了奖励质量与其他两个因素之间存在相关性，并通过计算智能体的期望累积奖励来度量智能体的智能程度[16]。

3.2.1　智能测试的智能体-环境框架

度量智能体的智能有两个步骤。第一步是对智能体进行智能测试，收集测试结果来进一步分析。第二步是利用智能度量方法对智能测试中收集到的信息进行分析。我们基于一个被广泛接受的智能体-环境框架进行智能测试，并介绍智能体-环境框架及其实现。智能体-环境框架可以为智能测试提供指导。智能体与环境的交互框架[17]示意图如图 3.1 所示。智能体是用于测试的智能实体。测试目标是在测试期间分配给智能体的任务。测试的目标是测试设计人员预定义的，应该在测试之前通知智能体。环境是一个控制智能体的空间，可以根据智能体的行为为智能体提供奖励。在测试期间，智能体与动态环境通过交互来最大化预定义的奖励。具体来说，智能体通过执行动作从环境中获得当前动作对应的奖励。这种测试可以看作智能体与环境之间的交互过程，通过对过程的观察，我们可以收集到一定的测试信息。

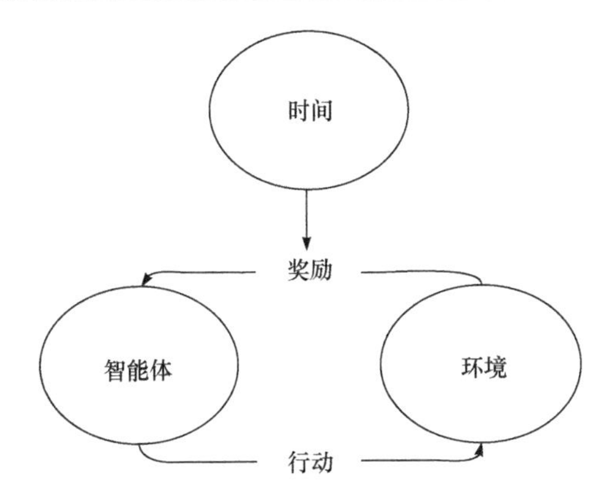

图 3.1 智能体与环境的交互框架示意图[16]

3.2.2 质量-时间-复杂度智能度量模型

下面首先分析奖励质量与其他两个因素之间的相关性，然后详细介绍 QTC 智能度量模型。

1. 度量智能的主要因素

通过观察智能体与环境之间的交互过程，我们可以抽象出智能测试过程中决定智能体性能的以下三个主要因素。

(1) 奖励。基于行为主体采取的行为会产生的一系列奖励。它通过计算奖励顺序的期望累积奖励来量化。

(2) 时间。奖励的时间戳，可以代表行为主体行为的及时性。

(3) 环境。测试环境的复杂性可以被计算，并且可以通过对主体行为的评估进行调整。

为了评价这三个因素之间的相关性，我们进行了两个实验。实验包括 7 个智能体。在第一个实验中，我们对 4 个智能体进行相同的智能测试。在测试过程中，通过逐步增加环境的复杂性，我们观察被测智能体累积奖励的预期变化。第一个实验结果中期望的累积奖励和环境的复杂度如图 3.2 所示。虽然 4 个智能体的累积奖励随着环境复杂度的增加发生不同的模式变化，但是当环境复杂度大于 21 时，智能体的累积奖励都收敛。在第二个实验中，我们对另外 3 个智能体进行同样的智能测试。第三个智能体使用随机行为。实验结果的预期累积奖励和交互时间如图 3.3 所示。可以看出，3 个智能体的累积奖励都随时间增加。此外，随着交互作用的增加，前两个智能体的累积奖励也会收敛。根据两个实验的结果，我们对这 3 个因素的相关性进行建模。智能度量的 3 个主要因素之间的关系如图 3.4 所示。时间和环境的复杂度都与奖励因子相关，当时间和环境的复杂度增加到一定阈值时，累积奖励会收敛。在分析两者之间的关系后，下一个问题是如何计算预期的累积奖励。

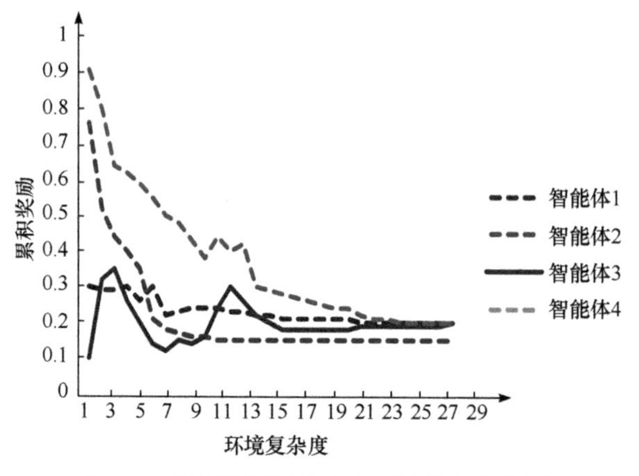

图 3.2　期望的累积奖励和环境的复杂度[16]

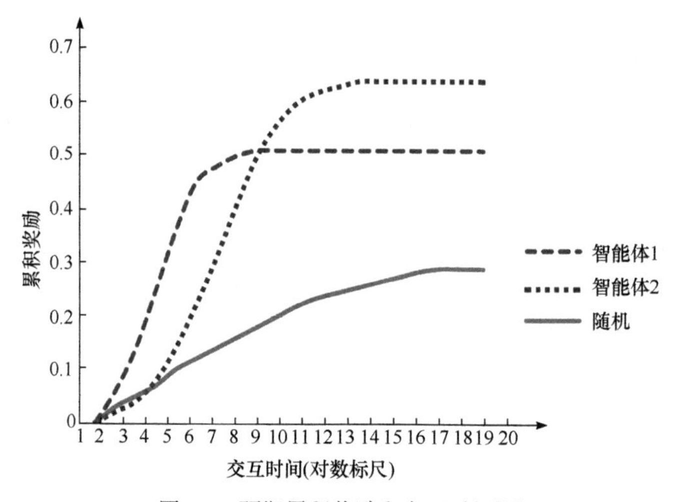

图 3.3　预期累积奖励和交互时间[16]

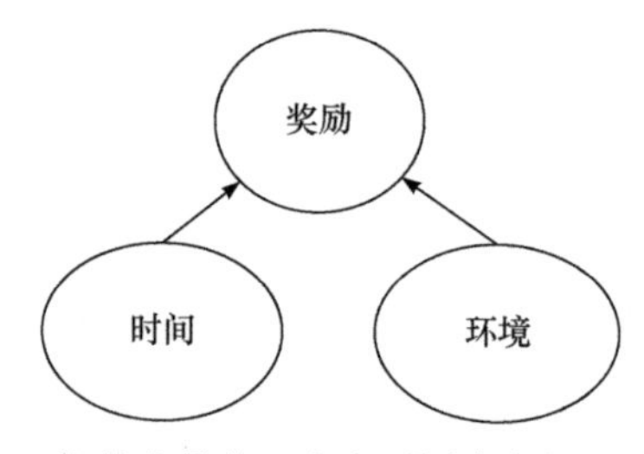

图 3.4　智能度量的 3 个主要因素之间的关系[16]

2. 每一次交互的回报

由于智能度量的目标是计算奖励的价值，因此首要的任务是计算每一次交互的奖励。根据当前设计的智能测试[17]，智能体与环境之间的完整交互包括两个步骤，即智能体向环境发送动作；环境对发送的动作进行评估，并向智能体返回奖励。例如，在图灵测试中，一个完整的交互包括一个智能体提出问题，以及一个人给出相应的回答。

在有限的时间内，交互次数有限的智能测试中，根据图 3.2 和图 3.3 所示的趋势，我们将第 i 次交互的奖励定义为

$$R_i(t)=\left(1+\frac{1}{mt}\right)^t \tag{3.1}$$

其中，m 为环境的复杂度；t 为动作 i 被调用的时间。

当智能测试持续时间无限长，即 $t\to\infty$ 时，R_i 的极限为

$$\lim_{t\to\infty}R_i=\lim_{t\to\infty}\left(1+\frac{1}{mt}\right)^t=\mathrm{e}^{\frac{1}{m}} \tag{3.2}$$

当结果符合图 3.3 所示的收敛时，式(3.1)中的结果是一个常数。因此，该结果证明了式(3.1)的正确性。

利用 Levins Kt 复杂度，可以计算环境 m 的复杂度[12, 18]，即

$$m(p,\pi)=\min\left\{\ell(p)+\log(\mathrm{time}(\pi,p))\right\} \tag{3.3}$$

其中，p 为动作；π 为智能体。

将式(3.3)代入式(3.1)，第 i 次交互奖励为

$$R_i(t)=\left(1+\frac{1}{m_{p_i}t}\right)^t \tag{3.4}$$

其中，m_{p_i} 为第 i 个动作的环境复杂度。

3. 智能度量模型

在预定义的周期 t 内，通过计算智能体 π 获得预期累积奖励，可以对 π 的智能进行度量。因此，智能度量模型的目标是精确地计算预期累积奖励。预期累积奖励的计算可以基于 π 在一个预定义的周期 t 内获得平均奖励之和[12]，记为 V_μ^π，即

$$V_\mu^\pi=E\left(\sum_{i=1}^{n_i}R_i\right)=\frac{1}{n_i}\sum_{i=1}^{n_i}\left(1+\frac{1}{m_{p_i}t}\right)^t \tag{3.5}$$

其中，n_i 为交互的总次数；μ 为同一环境。

根据式(3.5)，预期累积奖励公式为[14]

$$\gamma = \sum_{\mu \in E} 2^{-k(\mu)} V_{\mu}^{\pi} \tag{3.6}$$

将式(3.5)代入式(3.6)，我们可得期望累积奖励值，即

$$\gamma = \frac{1}{n_i} \sum_{\mu \in E} 2^{-k(\mu)} \sum_{i=1}^{n_i} \left(1 + \frac{1}{m_{p_i} t}\right)^t \tag{3.7}$$

其中，环境 μ 属于环境集合 E；E 包括所有可计算奖励的有界环境；$k(\cdot)$为 Kolmogorov 复杂度。

结合式(3.1)～式(3.7)，我们提出如下智能度量模型，即

$$\gamma(t,\theta) = \frac{1}{n_i} \sum_{\mu \in E} 2^{-k(\mu)} \sum_{i=1}^{n_i} \left(1 + \frac{1}{m_{p_i} t}\right)^t \tag{3.8}$$

$$\text{s.t} \ \ t > t_0 \tag{3.9}$$

$$m_{p_i}, n_i \in \mathbf{N}^+ \tag{3.10}$$

其中，$\theta = (\mu, \pi)^{\mathrm{T}}$ 为期望累积奖励的参数。

3.2.3 模型的结果分析

我们提出如下通用智能测试算法(算法 3.1)[16]。

算法 3.1　通用智能测试算法

输入：t(交互的时间)，p(交互的行为)

输出：一个实数(智能体与环境交互作用的奖励)

1：根据式(3.3)计算环境 m 的复杂度；

2：根据式(3.4)计算动作 R_i 的奖励；

3：根据式(3.5)计算期望的总奖励 V_{μ}^{π}；

4：根据式(3.7)计算期望的累积奖励 γ；

5：返回 $\gamma(t,\theta)$。

基于上述算法，我们通过模拟实验来可视化预期累积奖励、时间和环境复杂度之间的相关性。智能度量中三个主要因素之间的关系如图 3.5 所示。

由此可知，预期累积奖励随着时间的推移而增加，随着环境的复杂度增大而减小；期望累积奖励随着时间的推移而增加，随着环境的复杂度增大而减小。

下面介绍一个智能度量的实现例子。假如在一个测试设置中，黑猩猩(智能体)

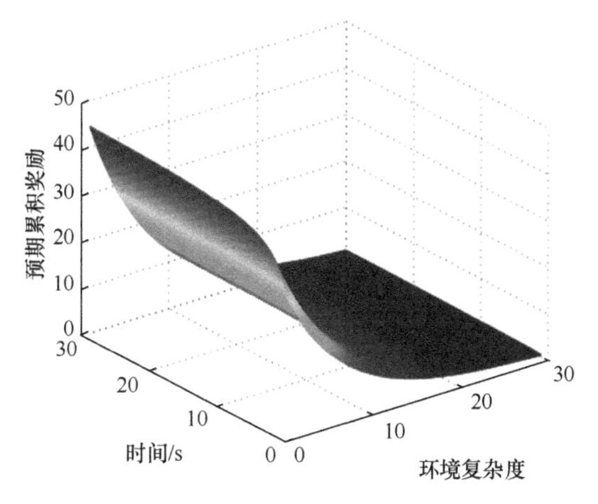

图 3.5　智能度量中三个主要因素之间的关系[16]

可以按下三个按钮中的一个($A=\{B1,B2,B3\}$)。给予智能体的奖励要么是一根香蕉，要么什么也不给($R=\{1,0\}$)。观察集的环境是，球必须放入三个单元中的一个 $O=\{C1,C2,C3\}$ 。我们从给黑猩猩一根香蕉开始测试，表明第一个奖励是 1。这些观察结果是随机产生的，关于 O 均匀分布，因此相应的奖励也是确定的。各个智能体的行为模式如下。

第一只黑猩猩 π_1 更可能按按钮 B_1 ，即对所有顺序 X，有 $\pi_1(B_1|X)$ 。因此，π_1 在这个测试中的性能为

$$E(V_\mu^{\pi_1})=E_{n_i\to\infty}\left(\frac{\sum_{k=1}^{n_i}R_k^{\mu,\pi}}{n_i}\right)=\frac{2}{4}\lim_{n_i\to\infty}\frac{n_i}{n_i}+\frac{2}{4}\lim_{n_i\to\infty}\frac{0}{n_i}=\frac{1}{2} \tag{3.11}$$

第二只黑猩猩 π_2 的行为是随机的，因此 π_2 的性能为

$$E(V_\mu^{\pi_2})=E_{n_i\to\infty}\left(\frac{\sum_{k=1}^{n_i}R_k^{\mu,\pi_2}}{n_i}\right)=\frac{3}{3}\left(\frac{2}{4}\lim_{n_i\to\infty}\frac{n_i}{n_i}+\frac{1}{4}\lim_{n_i\to\infty}\frac{-n_i}{n_i}+\frac{1}{4}\lim_{n_i\to\infty}\frac{-n_i}{n_i}\right)=0 \tag{3.12}$$

通过比较这两个智能体之间的性能，我们可以得出如下结论，π_1 比 π_2 更好。

3.3　质量-复杂性-任务模型

在众智网络中，多种异质的智能体执行不同种类的任务[15]。由于智能体具有

专业性、可靠性、适应性等多种能力，因此需要一系列的任务来综合评估智能体的智能。针对智能体的异构性和任务的多样性，我们提出一种新的智能体环境框架和基于任务的智能度量方法。在智能体环境框架中，智能体在环境中采取一定的行动来完成某项任务，环境根据其对相应任务的贡献给予奖励。

本节首先提出一个智能体-任务-环境框架进行智能测试。在这个框架中，我们定义智能体和环境之间的交互，以便以一种形式化的方式进行智能测试。根据智能测试中智能体的性能，我们使用一种新的基于质量-复杂性-任务(quality-complexity-task，QCT)的方法度量这些因素的智能水平。本节内容主要包含以下两个方面，即通用智能体-任务-环境框架和质量-复杂性-任务通用智能度量模型[19]。

3.3.1 基于任务的智能测试

智能测试基于智能体-任务-环境框架[20]，以形式化的方式进行。智能体-任务-环境度量框架如图 3.6 所示。该框架中有六个组件，即智能体、行为、奖励、状态、任务和环境。任务是智能测验中环境因素相互作用的载体。智能体是接受测试的智能实体。奖励是任务向智能体提供的反馈。行为是智能体与任务每一步交互的战略选择。环境是任务的情况，可以被计算，并且可以根据智能体的操作进行调整。状态是智能体接受行为后的结果。

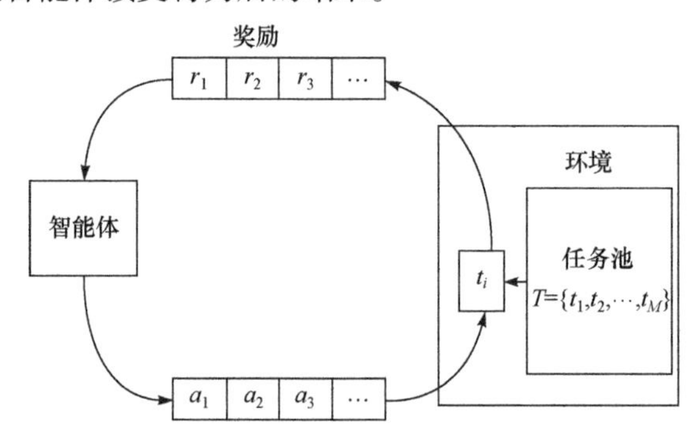

图 3.6　智能体-任务-环境度量框架[19]

在这个框架中，我们可以通过计算智能体完成一系列任务获得的奖励来衡量智能。奖励和每一步采取的行动之间都有直接的关系。

智能体与环境之间的完整交互包括两个步骤，即智能体向环境发送动作；环境评估操作，并向智能体返回奖励[17]。在我们的智能测试方法中，将扩展设计的智能测试。环境从预先定义的任务池中选择任务，并将它们分配给智能体。智能体需要按顺序调用多个操作来完成每个任务。我们将智能体在完成任务期间调用的操作定义为该任务的步骤。智能测试的任务池可表示为 $T=\{t_1,t_2,\cdots,t_M\}$ 。在测试的每一步，智能体向环境发送动作信号，并从环境中收到与当前动作对应的奖励。对于任务步骤的行为 $t_m \in T$ ，可表示为 $a_{m,s} = \{a_1, a_2, \cdots, a_n\}$ ，定义 A_m 是任务 m 在所有步骤 s 下的行为集。进一步，我们定义 $\pi_{m,s}$ ，$(a_{m,s}) = \{p_{a_1}, p_{a_2}, \cdots, p_{a_n}\}$ 为任务步骤 t_m 的动作集的概率集，其中 p_{a_n} 表示任务 m 在步骤 s 中采取行为 a_n 的概率。显然，$\sum_{i=1}^{n} p_{a_i} = 1$ 。智能体执行任务可以看作智能体和环境之间的交互过程，通过观察过程可以收集一定的信息。

3.3.2　质量-复杂性-任务的智能度量模型

智能体通过与任务的持续交互提高它们对任务的认识和理解，可以更好地完成任务。我们抽象出一些决定智能体与任务交互期间性能的主要因素，即 QCT 模型的主要因素。它包含以下三方面，即行动质量是一系列奖励；复杂性描述任务的难度并影响奖励；任务步骤确定智能体的完成过程。奖励是基于智能体所采取的行动和复杂性得出的，可以通过计算奖励序列的预期累积奖励来量化。

智能体与任务交互可以获得一些奖励。因为智能度量的目标是计算奖励的价值，所以需要计算每一步的奖励。我们将步骤 s 的奖励 R_s 定义为

$$R_s(a, K(t_m)) = K(t_m) r_s(a) \tag{3.13}$$

其中，$r_s(a)$ 为步骤 s 的奖励；$a \in A$ 为智能体在步骤 s 下的行动；$K(t_m)$ 为任务 t_m 的 Kolmogorov 复杂性。

根据式(3.13)，我们可以计算智能体在多步任务的预期奖励，即

$$\begin{aligned} & V_s^{\pi t_m} \\ & = E\left(\frac{1}{S}\sum_{s=1}^{S} R_s(a, K(t_m))\right) \\ & = E\left(\frac{1}{S} R_s(a, K(t_m))\right) + \frac{S-1}{S}\frac{1}{S-1}\sum_{s=1}^{S-1} R_s(a, K(t_m)) \\ & = \sum_{a \in A_m} \pi_{m,s}\left(\frac{1}{S} R_s(a_{m,s}, K(t_m)) + \frac{S-1}{S} V_{s-1}^{\pi t_m}(a_{m,s}, K(t_m))\right) \end{aligned} \tag{3.14}$$

其中，a_{s-1} 为前 s–1 个步骤的操作集，并且有 $t_m \in T$ 。

因为智能体的累积奖励是基于对任务中智能体行为的累积奖励定义的，所以我们基于期望累积报酬(expected accumulated reward，EAR)计算方法[12]，提出一种多步期望累积报酬(multi-step expected accumulated reward，MSEAR)方法解决智能度量问题。我们通过计算任务池 T 的 MSEAR 度量智能体π的智能(定义为 $V_s^{\pi T}$)，即

$$
\begin{aligned}
& V_s^{\pi T} \\
& = E\left(\sum_{m=1}^{M} V_s^{\pi t_m}(a_{m,s}, K(t_m))\right) \\
& = \frac{1}{M}\sum_{m=1}^{M}\sum_{a\in A_m}\pi_{m,s}(a_{m,s})\times\left(\frac{1}{S}R_s(a_{m,s}, K(t_m)) + \frac{S-1}{S}V_{s-1}^{\pi t_m}\right)
\end{aligned}
\tag{3.15}
$$

其中，m 为任务池中任务的数量；S 为完成任务的步骤总数。

下面考虑智能测试过程中的环境，基于相关研究引入通用智能的定义[14]。一个智能体 π 的智能度量模型可以定义为

$$
\delta(\pi) = \sum_{\mu\in E} 2^{-K(\mu)} V_s^{\pi T} \tag{3.16}
$$

将式(3.15)代入式(3.16)，可得奖励 $\delta(\pi)$ 的计算公式，即

$$
\delta(\pi) = \sum_{\mu\in E} 2^{-K(\mu)} \times \frac{1}{K}\sum_{m=1}^{M}\sum_{a\in A_m}\pi_{m,s}(a_{m,s})\times\left(\frac{1}{S}R_s(a_{m,s}K(t_m)) + \frac{S-1}{S}V_{s-1}^{\pi t_m}\right) \tag{3.17}
$$

其中，环境 μ 属于包含所有可计算奖励边界环境的环境集 E。

基于上述的分析，我们提出如下 QCT 通用智能度量算法(算法 3.2)[19]。

算法 3.2　QCT 通用智能度量算法

输入:实验 E，行动空间 A，行动步骤 S，任务池 T，行动概率 $\pi(a)$

输出:回报($\delta(\pi)$)

```
    ∀a ∈ A : V(x) = 0; V_s^{πt} = 0;
    for i=1,2,···,M do
      for s=1,2,···,S do
        V'(a) = Σ_{a∈A} π(a)( (1/S) R_s(a, K(t_i)) + ((S-1)/S) V(a) )
        if s=S+1 then
          break;
        else
          V=V'
        end
      end
      V_s^{πT} += V
    end
    V_s^{πT} = (1/M) V_s^{πT};
    δ(π) = Σ_{μ∈E} 2^{-K(μ)} × V_s^{πT};
    return δ(π)
```

通过上述算法，我们可以得出多样环境下执行复杂任务的智能体的智能程度值。基于该智能值优化后续任务执行的策略，可以提升系统的性能。

3.4　众智与数据同化

随着智能时代的到来，越来越多的非人的独立实体开始拥有智能，并且该类智能体的智能程度不断增长。例如，知识问答领域的超级电脑沃森在智力竞赛中战胜人类选手，图像识别领域的 Deep Image 系统在人脸识别测试中的正确率超过人类[21]，围棋领域的 AlphaGo 战胜李世石[22]。对服务而言，智能语音服务助手 siri 可以与人流畅对话，甚至合理预测球赛得分。智能客服助手已经渗透到金融、电商及旅游等行业。智能服务机器人(血管清理、口腔修复、智能轮椅)的功能也越来越强大[23]，它们能够思考并与环境交互。这类实体统称为智能体。在数据同化的框架中，我们将众智网络中的智能体分为人、机器和服务实体三大类。目前的度量方法只衡量智能体在单个领域的效率，例如在知识问答领域典型评价方法是准确匹配(exact match，EM)[24]。EM 表示智能体的答案与正确答案完全匹配的概率。图像识别领域的典型评价方法是 topN-error[25]，表示图像识别模型预测出的前 N 个最高概率的答案中有正确答案的概率。语音服务方面典型的评价方法是准确度[26]，表示在不同环境(嘈杂，安静等)下对问题的正确理解率或正确回答率。目前缺少可以衡量智能体在各个方面智能程度的度量公式。例如，知识问答领域的 EM 评价方法不适用于图像识别领域可以评价方法之间的差异，导致目前没有通用的公式可以评价智能体的智能。接下来，我们提供一种合理、有效、可计算的通用度量智能体智能的方法，适用于包括人、机器、服务实体在内的具有思考并能同环境进行交互的智能体。该方法把现实空间中的每个任务/挑战都视为一个问题，考虑在任意问题领域中智能体处理每类小问题的期望完成程度，通过建立问题概率、期望完成程度与智能量之间关系的模型，利用已知的问题概率和期望完成程度求得智能体的智能量，从而提供一种任何问题领域都适用的度量方法，由此形成一种通用智能度量方法。

通常来说，在求解智能体的期望完成程度时，即使在同一个问题类别中，智能体的完成程度也受多种因素的影响，如问题产生的时间、地域等。因此，本节拟建立一个以影响因素和智能体历史完成数据为自变量的智能体能力预测模型，以得到在影响因素改变情况下智能体的预期完成程度，从而得到智能体的期望完成程度。同时，对于智能体能力预测模型的优化问题，在考虑数据误差和数据时空异构性的条件下，拟采用通常用于解决气象预报模型修正问题的数据同化框架。数据同化框架旨在通过不断向模型中输入新的多源观测数据来修正模型参数，以得到最接近真实情况的模型参数，进而得到最优模型。

3.4.1 基于数据同化的通用的智能度量分析

本节基于数据同化的方法，给出一种通用智能度量的分析方法[27]。通用智能计算方法流程图如图 3.7 所示。其中目标领域问题类型 i 的概率 μ_i 可以通过下式统计得到，即

$$\mu_i = \frac{n_i}{\sum_{i \in N} n_i} \tag{3.18}$$

其中，i 为问题类别；n_i 为问题 i 出现次数。

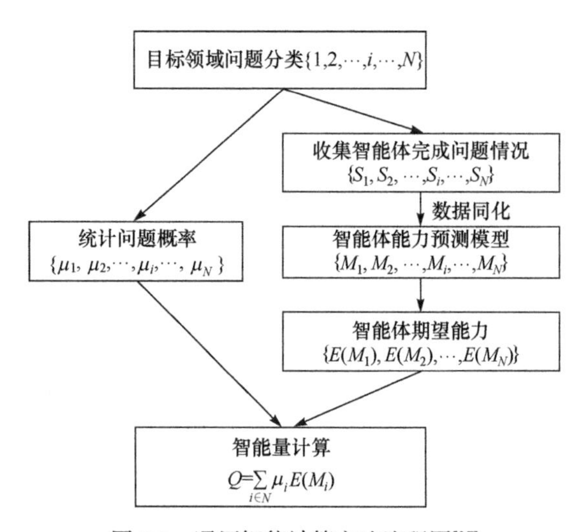

图 3.7 通用智能计算方法流程图[27]

通过建立智能体能力模型 $\{M_1, M_2, \cdots, M_N\}$，在数据同化框架下优化这些模型，使用 M 预测智能体的期望完成程度 $\{E(M_1), E(M_2), \cdots, E(M_N)\}$ (M_i 表示第 i 类问题的模型，模型的值是问题回答/评测结果/目标得分/服务质量(quality of service,QoS)等)；利用收集智能体对目标领域各类问题的历史完成情况序列 $\{(i,p,s)\}$，i 表示问题的类别，p 表示状态(例如 p 可能包括测试时间、问题产生时间、问题产生地域等)，s 表示智能体的完成情况(问题回答/评测结果/目标得分/QoS 等)，根据专家知识或已有经验选定目标领域下智能体能力变化的模型 M。

基于数据同化框架，结合模型 M 优化方法，拟合上述方案中的数据与模型 $\{M_1, M_2, \cdots, M_N\}$，求解模型参数，可以得到最优模型。其中拟合方法包括以下步骤。

(1) 使用数据拟合模型 $\{M_1, M_2, \cdots, M_N\}$，拟合的目标可以是最小化平方误差、最大似然等，拟合的方式根据模型来选择，可以得到当前数据下最优的模型

$\{M_1, M_2, \cdots, M_N\}$。

(2) 构造数据同化的目标函数，一般数据同化系统中的目标函数由背景损失和模型损失两项组成，即

$$J(x_0) = \frac{1}{2}\left(x_0 - x_0^b\right)^{\mathrm{T}} B^{-1}\left(x_0 - x_0^b\right) + \frac{1}{2}\sum_{i=1}^{N}(x_i - y_i)^{\mathrm{T}}(x_i - y_i) \tag{3.19}$$

其中，$J(x_0)$为目标函数；x_0 为状态矢量的初始值，是被同化或反演的变量组成的列矩阵，下标 0 表示同化周期的开始；x_0^b 为环境背景矢量，即 x_0 代入 M 得到的模拟值；B 为模拟值误差的协方差矩阵；i 表示时刻；y_i 为 i 时刻的观测值；x_i 为 x_0 代入模型算子 M 运行到 i 时刻得到的值。

求解使 $J(x_0)$达到最小值的 x_0 为初始时刻的最优解，也就是初始时刻的 $x(t_0)$ 同化值[21]。

(3) 获取新的数据，取随机值 x_0，与步骤(1)中的 M 一同代入步骤(2)中数据同化的目标函数 $J(x_0)$，可以采用遗传算法或差分进化等方法优化目标函数，得到目标函数的最优值。如果最优值小于自定义的阈值，则表明模型 M 能准确预估且具有良好的泛化性能，进入步骤(4)；否则，将新的数据和当前数据一起代入步骤(1)。

(4) 通过$\{M_1, M_2, \cdots, M_N\}$计算指定时间范围内的智能体对问题的期望完成程度$\{E(M_1), E(M_2), \cdots, E(M_N)\}$；给出智能体的作用时间范围$[t_1,t_2]$；在$[t_1,t_2]$上对模型 M_i 进行积分，得到积分值 P_i；用积分值 P_i 除以$|t_2-t_2|$，得到期望 $E(M_i)$。

通过上述分析，计算智能体的智能量，将问题出现的概率视为权重，对问题的期望完成程度进行加权求和，得到智能体的智能量，即

$$Q = \sum_{i \in N} \mu_i E(M_i) \tag{3.20}$$

3.4.2　基于数据同化的智能度量在知识问答领域的应用

知识问答的目标是回答人提出的自然语言问题。对人而言，这是非常简单和自然的事情，人类通过识别问题、搜索知识库，给出答案。对非人的智能体而言，通常需要涉及自然语言处理、信息检索、数据挖掘等多个交叉领域的技术。这类智能体称为问答(question answering，QA)系统[27]。为了测试问答能力，目前有许多公开的数据集，如 SQuAD、NewsQA、SearchQA、RACE、CoQA 等，问题包括初高中考试、科普文章、新闻、电影、历史等多方面内容[28]。其中，CoQA 更是一种基于对话的问答数据集，可以用来辅助评测问答类服务的智能[29]。目前的问答系统也有很多，例如机器/模型类的谷歌 BERT 模型[30]、微软 NLNet 模型、卡内基・梅隆大学的 QANet 模型，服务类的苹果 siri、微软 cortana 等。这些知识

问答系统和人都可视为智能体。

按照问题进行分类，知识问答领域的公开数据集如表 3.1 所示。因此，可以用数据库代表问题类型。这里选择的问题类型列表为$\{1=\text{SQuAD}, 2=\text{NewsQA}, 3=\text{SearchQA}, 4=\text{TriviaQA}, 5=\text{RACE}, 6=\text{NarrativeQA}, 7=\text{CoQA}\}$。然后，统计各个问题类型下问题的条目数。这里为各个数据集的数据量，分别为$\{n_1,n_2,\cdots,n_7\}$，各个问题类型的概率$\mu_i=\dfrac{n_i}{\sum_{i=1}^{7} n_i}$。

表 3.1　知识问答领域的公开数据集[27]

数据集	答案类型	问题类型
SQuAD	准确的	维基百科
NewsQA	准确的	新闻
SearchQA	准确的	智力问答
TriviaQA	准确的	生活常识
RACE	多项选择	初高中考试
NarrativeQA	抽象的	电影、文学
CoQA	抽象的	科学、娱乐等

本节通过对各智能体进行多次实验，收集智能体对目标领域各类问题的历史完成情况。令$\{(i,p,s)\}$中的 i 为问题种类，p 为状态，包含产生问题的时间、地点、度量时间 t 等，在此可定义智能体的第一次度量时间 t=0，其后每间隔一个单位时间(度量间隔时间的最小值)，t 自增 1。对人和机器类智能体而言，s 表示对第 i 类问题在时间 t 下回答的正确率(答对问题个数/问题总个数)。对服务类智能体而言，s 表示服务对象对第 i 类问题回答的质量(w_1*为答对问题个数/问题总个数，w_2*为用户满意度，w_1 和 w_2 为自定义的权重，$w_1+w_2=1$，用户满意度取值范围为[0.0,1.0])。

根据专家知识，初始化知识问答领域智能体能力模型$\{M_1,M_2,\cdots,M_7\}$。

Flynn 在 28 年前发现全球人类的 IQ 从 20 世纪初以来一直在持续增长。弗林调查了 20 多个国家的智力测试资料，发现 IQ 得分每年增长 0.3。此后的跟踪研究证明了这一全球性变化的统计真实性。这一现象被称为弗林效应[31]。

由于人类 IQ 测试本质上也是知识问答题目，因此知识问答领域的智能体能力可能也符合随时间变化的趋势。基于弗林效应，每个 M 可定义为基于时间预测的多变量自回归(autoregressive，AR)[32]模型。与其他模型相比，多变量 AR 模型可以方便地引入除时间变量外的多个解释变量，如地点、问题规模等，以便模型的扩展。多变量 AR 模型的公式为

$$s_t = \sum_{j=1}^{p} a_j S_{t-j} + \varepsilon \tag{3.21}$$

其中，t 为时间；s_t 为 t 时刻的能力值；S 为影响 s_t 的因素列表，包括 t–j 时刻的能力值、问题产生时间、问题产生地点、问题规模等；p 为 AR 项数；a 为 AR 系数；ε 是均值为 0，方差为 σ^2 的高斯噪声。

AR 方法基于假设当前时期的指标值，依赖过去时期的指标值，对过去时期的指标值进行加权平均可以得到当前的指标。

基于数据同化框架(图 3.8)，结合模型优化方法，拟合上述方案中的数据与模型 $\{M_1, M_2, \cdots, M_N\}$，$M_i(i=1,2,\cdots,N)$为问题类型 i 的模型。以模型 M_i 为例，基于数据同化框架求解模型参数的步骤如下。

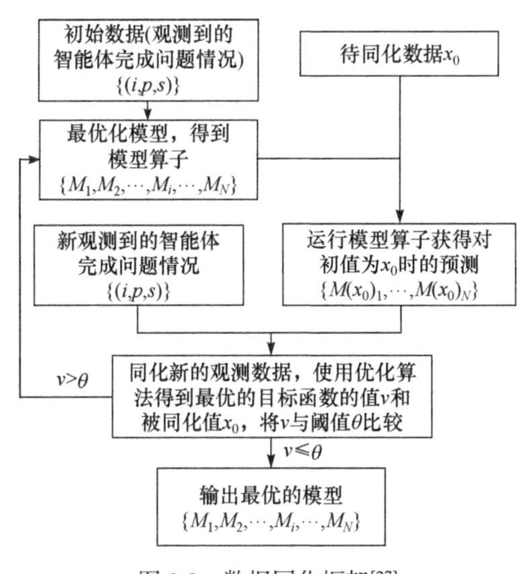

图 3.8　数据同化框架[27]

(1) 取得被观测系统时间序列数据。令智能体对目标领域第 i 类问题的历史完成情况序列$\{(p,s)\}$，将数据处理为 AR 模型的输入格式，即(i,p,s)形式的列表。

(2) 对 AR 模型进行拟合，可以得到参数$\{a_1,\cdots,a_p,b_1,\cdots,b_q\}$，拟合目标为 AIC(Akaike information criterion，赤池信息量准则)或 BIC(Bayesian information criterion，贝叶斯信息量准则)，求解参数的方式为 Yule-Walker 方法，可以得到当

前数据下的最优模型 M。

(3) 构造数据同化的目标函数，计算公式为

$$J(x_0)=\frac{1}{2}(x_0-M(x_0)_0)^{\mathrm{T}}B^{-1}(x_0-M(x_0)_0)+\frac{1}{2}\sum_{t=1}^{T}(M(x_0)_t-s_t)^{\mathrm{T}}R_t^{-1}(M(x_0)_t-s_t) \tag{3.22}$$

其中，$J(x_0)$为目标函数；x_0为待同化的初始量，预测 0 时刻的完成情况，可初始化为一个随机数；M为模型算子，是 AR 模型；$M(x_0)_0$为背景量，即 x_0状态下模型在 0 时刻的模拟值；t为时刻；T为时间窗口大小；$M(x_0)_t$为 x_0代入 M后在时刻 t 的值；s_t为 t 时刻的观测值；B为模拟值误差的协方差矩阵；R_t为观测误差的协方差矩阵。

由于这里的目标是得到 $J(x_0)$最小情况下的 x_0值，完成程度 s 和预测完成程度 x_0都是标量，因此 B 和 R 均为 1。最后该实例下的数据同化目标可简单视为最小化两项的和，前一项是预测值与模型值之差的平方，后一项是时间窗口内模型值与观测值之差的平方和。目标函数为

$$J(x_0)=\frac{1}{2}(x_0-M(x_0)_0)^2+\frac{1}{2}\sum_{t=1}^{T}(M(x_0)_t-s_t)^2 \tag{3.23}$$

(4) 采样新的观测数据$\{(p,s)\}$，代入步骤(3)中的数据同化目标函数。应用场景下的目标函数简单，可以直接采用求导的方式取到最优的 x_0。令 $\nabla J(x_0)=0$，将最优的 x_0代入目标函数，如果满足目标函数的值小于阈值，那么模型能准确预测且泛化性能好，执行步骤(5)；否则，将之前的数据和新增的数据都代入步骤(2)。

(5) 通过$\{M_1,M_2,\cdots,M_N\}$计算指定时间范围内智能体对问题的期望完成程度$\{E(M_1),E(M_2),\cdots,E(M_N)\}$。以第 i 类问题的模型 M_i为例，考虑一定时间范围内智能体的能力，首先给出智能体的作用时间范围$[t_1,t_2]$，然后对 M_i 模型进行积分，最后用积分值 P_i除以$|t_2-t_1|$，得到期望 $E(M_i)$。

(6) 利用式(3.20)计算智能体的智能量。

3.5 本 章 小 结

传统的人类智能和机器智能很难用当前环境下的智能形式来描述，它们具有很大的局限性。本章提出三种智能度量方法，抽象智能度量中质量、时间这两个主要因素，并结合不同的应用场景，评估这两个因素之间的相关性，设计相应的智能度量模型。基于智能度量模型，我们可以通过计算测试过程中获得的期望累

积奖励来量化智能体的智能。未来，我们将设计一组综合实验来评估度量模型的性能。

参 考 文 献

[1] Hernández-Orallo J. AI evaluation: Past, present and future. Artificial Intelligence Review, 2017, 48(3): 397-447.

[2] Solomonoff R J. Algorithmic Probability: Theory and Applications. Boston: Springer, 2009.

[3] Turing A M. Computing machinery and intelligence//Parsing the Turing Test, Dordrecht, 2009: 23-65.

[4] Oppy G, Dowe D. The turing test. Minds & Machines, 2003, 1:1-26.

[5] David L D, Alan R H. A computational extensionto the Turing test//Proceedings of the 4th Conference of the Australasian Cognitive Science Society, Newcastle, 1997: 1-11.

[6] David L D, Alan R H. A non-behavioural,computational extension to the Turing test// International Conference on Computational Intelligence and Multimedia Applications,Gippsland, 1998: 101-106.

[7] Christopher S W, David M B. An information measure for classification. Computer Journal, 1968, 11(2): 185-194.

[8] Hernandez O J. Beyond the Turing test. Journal of Logic, Language and Information, 2000, 9(4): 447-466.

[9] Hernández-Orallo J, Collado N M. A formal definition of intelligence based on an intensional variant of algorith miccomplexity// Proceedings of International Symposium of Engineering of Intelligent Systems,London: 1998:146-163.

[10] von Ahn L, Blum M, Langford J. Telling humans and computers apart automatically. Communications of the ACM, 2004, 47(2): 56-60.

[11] von Ahn L, Maurer B, McMillen C, et al. reCAPTCHA: Human-based character recognition via web security measures. Science, 2008, 321:1465-1468.

[12] Hernández-Orallo J, Dowe D L. Measuring universal intelligence: Towards an anytime intelligence test. Artificial Intelligence, 2010, 174(18): 1508-1539.

[13] Quiroga M A, Román F J, De La Fuente J, et al. The measurement of intelligence in the XXI Century using video games. The Spanish Journal of Psychology, 2016,19: 13-14.

[14] Legg S, Veness J. An Approximation of the Universal Intelligence Measure. Berlin: Springer, 2013.

[15] Prpic J, Shukla P. Crowd science: Measurements, models, and methods// International Conference on IEEE System Sciences, Hawaii, 2016: 4365-4374.

[16] Liu J, Pan Z, Xu J, et al. Quality-time-complexity universal intelligence measurement. International Journal of Crowd Science, 2018, 2(2): 99-107.

[17] Legg S, Hutter M. Universal intelligence: A definition of machine intelligence. Minds and Machines, 2007, 17(4): 391-444.

[18] Li M, Vitányi P. An Introduction to Kolmogorov Complexity and Its Applications. New York: Springer, 2008.

[19] Liang B, Pan Z, Xu J, et al. Quality-complexity-task universal intelligence measurement//

Proceedings of the 3rd International Conference on Crowd Science and Engineering, New York: 2018: 1-6.

[20] Legg S, Hutter M. A universal measure of intelligence for artificial agents//International Joint Conference on Artificial Intelligence, Singapore , 2005: 1509.

[21] High R. The era of cognitive systems: An inside look at IBM Watson and how it works. IBM Corporation Books, 2012: 1-16.

[22] Silver D, Huang A, Maddison C J, et al. Mastering the game of go with deep neural networks and tree search. Nature, 2016, 529(7587): 484.

[23] Kepuska V, Bohouta G. Next-generation of virtual personal assistants (microsoft cortana, apple siri, amazon alexa and google home)// IEEE 8th Annual Computing and Communication Workshop and Conference, Las Vegas, 2018: 99-103.

[24] Rajpurkar P, Jia R, Liang P. Know what you don't know: Unanswerable questions for SQuAD// Proceedings of the 56th Annual Meeting of the Association for Computational Linguistics, Melbourne, 2018: 784-789.

[25] Guo Y, Liu Y, Bakker E M, et al. CNN-RNN: A large-scale hierarchical image classification framework. Multimedia Tools and Applications, 2018, 77(8): 10251-10271.

[26] Graves A, Jaitly N. Towards end-to-end speech recognition with recurrent neural networks// International Conference on Machine Learning, Beijing, 2014: 1764-1772.

[27] 纪雯, 汪宇琴. 一种用于非人智能体的智能度量方法. 北京：CN110399279B, 2020-10-20.

[28] Wu Y, Wei F, Huang S, et al. Response generation by context-aware prototype editing// Proceedings of the AAAI Conference on Artificial Intelligence, Hawaii, 2019: 7281-7288.

[29] Reddy S, Chen D, Manning C D. Coqa: A conversational question answering challenge. Transactions of the Association for Computational Linguistics, 2019, 7: 249-266.

[30] Vaswani A, Shazeer N, Parmar N, et al. Attention is all you need//Advances in Neural Information Processing Systems, Long Beach, 2017: 5998-6008.

[31] Flynn J R. What is Intelligence. Beyond the Flynn Effect. Cambridge: Cambridge University Press, 2007.

[32] He Z Y, Jin L W. Activity recognition from acceleration data using AR model representation and SVM// International Conference on Machine Learning and Cybernetics, Kunming, 2008: 2245-2250.

第4章　众智的计算方法

4.1　概　　述

为了促进众智科学的发展，对智能系统和众智的智能水平进行评估，需要对它们进行通用的智能度量[1]。目前的智能度量方法可分为人类智商测试、机器智能度量、群体智能度量和通用智能度量。国际主流的两大人类智商测试是比奈量表和韦克斯勒智力量表。机器智能度量主要基于图灵测试实现，目前的研究主要以人工智能的发展为导向。群体智能源于对以蚂蚁、蜜蜂等为代表的社会性昆虫群体行为的研究，最早被用在细胞机器人系统的描述中。它的控制是分布式的，不存在中心控制。群体具有自组织性。通用智能度量主要以环境复杂度、累积回报和时间等因素作为度量指标，但是仍然存在很大的局限性，不能有效地将不同的智能体结合起来。随着研究众智科学的人越来越多，目前急需一个统一、标准的众智计算方法来解决众智网络的智能表达和可计算性问题[2]。为了提升人工智能的发展进程，在同一基准下测量人工智能和人类的智能程度变得越来越重要。人工智能在图像识别、语音识别和机器翻译等多个领域已经达到，甚至超过人类的水平。在一些非常复杂的任务中，人工智能也超越了人类，例如AlphaGo在围棋中击败人类、AlphaStar在星际2中击败人类。这能否说明人工智能的智能程度已经超越人类了呢？显然，答案是否定的。虽然人工智能在一些特定任务上表现不俗，但是如果让人工智能去实现一个新任务时，它的表现往往会非常差。我们认为，不应该以某一个能力来评估人工智能的智能程度，真正的人工智能应该具有多个能力，即通用能力。例如，人工智能既可以下围棋、下象棋，还可以在图像识别和语音识别上取得不错的效果。发展通用人工智能(artificial general intelligence，AGI)首先需要对通用智能进行度量。要想对通用智能进行度量，必须先对通用智能进行有效的定义。通用智能应该至少涵盖人类智能和人工智能的特征，并且可以同时度量人工智能和人类智能的程度。目前通用智能度量的研究存在很多挑战，许多研究者在试图解决这些问题时常用的方法是从已有类型的智能度量相关研究中获取灵感[3]。

Legg认为智能是衡量一个智能体在各种环境中实现目标的一般能力。Cochrane将智能定义为熵的变化。目前人工智能的度量方法主要以任务为导向，

Hernández-Orallo 将面向任务的评估方法分成三类，即人类判别、问题基准和同伴对抗。目前比较新的人工智能测试一般是参考人类 IQ 测试答题的方式，通过程序自动生成特定题目让机器去答，然后通过积分的形式得到智能程度的量化。这种方式度量是否能够有效地测试机器的智能程度还有待考证，而且这种方法目前只适用于一些特定领域的机器，不具有普遍性。虽然来源于人类的智能测试，但是测试题目和计分方法与人类的大不相同，因此目前还无法将它与人类放在统一的基准下进行测试。另外，以往对人类智能的定义包含很多方面，涵盖逻辑、理解、自我意识、学习、情感知识、推理、计划、创造力、批判性思维和解决问题等方面的能力。在心理学中，智能度量评估的是广泛的认知能力，而不是对特定任务的技能。因此，还有一种智能定义，即智能是通过智能测试来衡量的东西。然而，心理测试是拟人化的，虽然它们在人类身上使用时是有效的，但是它们还不能评估人类以外系统的智能程度。在人工智能发展的现阶段，心理测试尤其不适合人工智能。因为它们可以被相对简单和专业的计算机程序欺骗。在通用智能度量上目前也有一些研究，但是已有的通用智能度量方法都存在很大的局限性，还不能有效地在人类智能和机器智能上得到很好的验证，缺乏信服力。很明显，目前人工智能的度量主要是基于任务的，而人类智能则是基于能力的。我们认为，无论是人工智能的度量还是人类智能的度量，都不应单纯地将能力与任务分开。例如，现在人脸识别系统的准确率已经接近百分之百，如果只考虑面向任务的话，这是不是说明它的智能程度已经接近完美了呢？事实并不是这样，虽然目前大多数人工智能是针对特定任务产生的，但是实际上任务是靠能力来完成的。在对其进行度量的过程中，学习效率是一个很重要的因素，而刻画学习效率很重要的一个指标就是它的准确率从 0 到 100 的学习时间。人类智能的度量也一样，将答题时间加入最后的测试结果至关重要。基于上述研究，本章首先介绍当前计算人类智能和机器智能的方法，然后介绍一种通用个体智能的计算方法，最后提出一种可以计算异构智能的质量-时间模型[3]。

4.2　人类智能与机器智能的计算

4.2.1　人类智能的计算

人类智能指人的智力能力，具有复杂的认知能力、高度的动机和自我意识。通过智力，人具有学习、形成概念、理解、运用逻辑和理性的认知能力，包括识别模式、理解思想的能力、计划、解决问题、做决定、保留信息、用语言交流[4]。Binet 等在 1905 年出版第一个比奈-西蒙量表。它是一种个人测验式的量表，包括 30 个测量一般智力的项目，其中既有对较低级的感知方面的测量，也有对较高级的判断、推理、理解等方面的测量。斯坦福-比奈量表[5]在 1916 年由 Terman 提出。他把智商概念运用到智力测验中，使智力分数可以在不同年龄间比较，同时对每个测试题的实施程序及评分方法做出了详细的说明。之后，他又进行了修订，包含两套等值的测验。目前斯坦福-比奈量表已经修订到第五版[6]。韦克斯勒量表最初在 1939 年提出[7]。测试集源于量表中的子集，之后韦克斯勒又进行了一次修订[8]。1949 年和 1955 年，他又分别提出专门针对儿童[9]和成人[10]的量表。最新的韦克斯勒量表已经在 2008 年修订到第四版。目前人类智商测试的主流方法是斯坦福-比奈量表第五版和韦克斯勒量表第四版[11]。人类智能一般指人的智商。以应用比较广泛的韦克斯勒智力量表为例。离差智商[9]计算过程是，从标准样本抽取 500 名被试(男女各半)，年龄为 20～34 岁，作为参照组，由此得出等值量表分(各个单项测验的均值为 10, 标准差为 3)等值量表分适用于各个年龄组，被试的原始分数首先换算成等值量表分，可比较任何年龄被试的成绩与参照组。有了统一标准，各个测验中被试得到的不同分数就可以换算成统一的量表分。

Gardner[12]的多元智能理论不仅基于对正常儿童和成人的研究，也基于对有天赋的个人、脑损伤患者、专家、艺术家，以及来自不同文化的个人的研究。Gardner 将智力分解为几个不同的部分。Gardner 的《心灵框架》第一版描述了七种不同类型的智力，即逻辑数学、语言、空间、音乐、动觉、人际关系和个人内部。在这本书的第二版中，他又增加了智力自然主义者和存在主义智慧。他认为，心理测量只涉及语言、逻辑，以及空间智力的某些方面。有人认为，认识到许多特定形式的智力意味着一个政治议程，而不是科学议程，旨在认识到所有个人的独特性，而不是认识到个人能力中潜在的真实和有意义的差异。也有人认为，特定能力的预测效度高于一般心理能力，并没有得到实证支持。Sternberg[13]提出智力三元理论，以提供比传统的人类能力差异或认知理论更全面的智力能力描述。智力三元理论示意图如图 4.1 所示，描述了智力的三个基本方面。分析智力包括智力表达的心理过程，当一个人面临一个几乎是但不完全是新奇的挑战，或者当一个人从事一项任务的自动化执行时，创造性智力是必要的。实践智慧在社会文化环境中受到约束，涉及环境的适应、选择、塑造，以最大限度地适应语境。三元理论并不反对一般智力因素的有效性；相反，该理论认为一般智力是分析智力的一部分。只有考虑智力的三个方面，才能充分理解智力的全部功能。Sternberg[14]更新了三元理论，并将其重新命名为成功智力理论。智力现在定义为，个人根据自己具体的标准及其在社会文化背景下对生活成功的评估。成功是通过综合运用分析、创新和实践智慧实现的。智力的三个方面称为处理技能。处理技能被应用于通过实践智能的三个要素来追求成功，即适应、塑造和选择自己的环境。运用处理技能获得成功的机制包括利用自己的长处弥补、纠正自己的弱点。

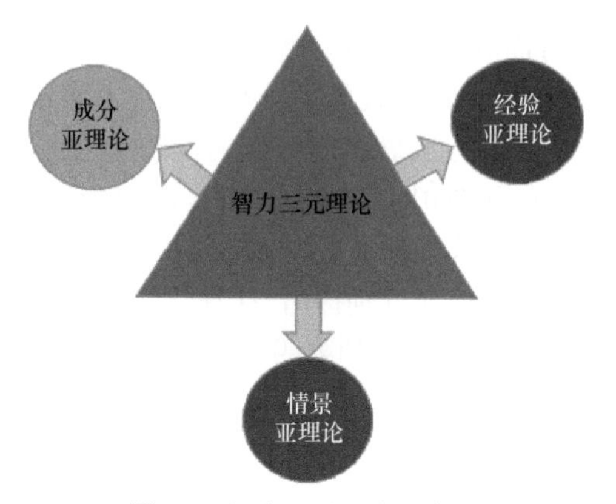

图 4.1　智力三元理论示意图

4.2.2　机器智能的计算

第一个机器智能测试是由图灵首先提出的。他开发的模拟游戏通常称为图灵测试[15]。图灵测试示意图如图 4.2 所示。在这项测试中，如果一个系统能够在一段时间内模仿人并与一名或多名人类裁判者进行远程对话，则该系统被认为是智能的。虽然它仍然被广泛作为一个参照物，但早已引发了争论，许多变体和替代品被提出。基于图灵测试和相关的思想，机器智能测试的几个问题被提出，即图灵测试是拟人的，它测量的是人类，而不是智力；它不是渐进的且不给出分数；它不实用，而且越来越容易作弊，需要很长时间才能得到可靠的评估；它需要一个人类裁判。目前机器智能的度量方法比较多样化，下面以其中一个实例来说明。度量方法如下，Cochrane[16]将比较智力的度量定义为 I_c=MOD{E_i−E_o}，其中 E_i 是输入或开始熵，E_o 是输出或完成熵。取模值，我们使用状态变化作为度量，熵 E 为精确定义系统状态的信息量。然后，利用熵的变化作为机器智能的定义性质，即 $I_c=K\log_2[1+AS(1+PM)]$，其中 S 为传感器，A 为执行器，P 为处理器，M 为内存。机器智能的核心就是人工智能。目前的度量方法主要分为面向任务的评估方法和面向能力的评估方法。面向任务的评估方法主要包括通过与人类进行比较，来评估人工智能的智能程度；通过题库或试题生成器对人工智能进行测试；通过人工智能之间的比赛来测量。面向能力的评估方法的主要特征是它的认知能力，而不是它要解决的任务。通过与人类比较来评估人工智能的智能程度的方法最典型的例子是图灵测试。虽然图灵通过引入模仿游戏的方法在一定程度上能够测量机器是否具有人的智能，但是目前还无法承担定量分析智能系统智力发展水平的需求。此外，图灵测试的方法受人为因素的干扰太多，严重依赖裁判者和被测试者的主观判断，因此存在很大的不确定性。与人类进行比较来评估人工智能智能程度的方法与人类智商测试类似[17]，从 UCI 知识库中选择 10 或 20 个数据集进行智能度量。虚拟题库模拟器[18]正变得越来越常见。Santoro 等[19]在 2018 年提出一套针对人工智能的 IQ 测试题(抽象推理矩阵)。首先给人工智能，训练一组由三角形构成的图像视觉推理矩阵题库，然后得出一组由方块构成的视觉推理矩阵题，让人工智能去回答，看它是否能随机应变举一反三，最后通过比赛测量方法评估自己的系统。如果有共同的参与者[20]，可以使用 Elo 排名[21]或更复杂的评级系统[22,23]进行研究。这通常用于游戏和多智能体的研究，每次匹配的结果可以用来估计两个系统中的哪一个最佳。但是，这种方法的主要问题是结果与对手有关，不具备普遍性。面向认知能力的评估方法主要通过算法信息理论、Solomonoff 通用概率[24]、Kolmogorov 复杂度[25]和 MML[26, 27]等相关概念完成的。

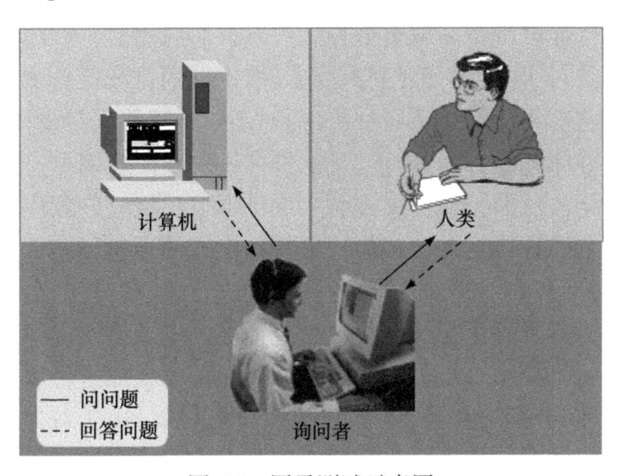

图 4.2　图灵测试示意图

机器智能测试的最近和奇异的近似称为完全自动化的公共图灵测试(completely automated public Turing test to tell computers and humans apart，CAPTCHA)，可以区分计算机和人类[28]。CAPTCHA 是任何一种简单的问题，可以很容易地被人回答，但不是当前的人工智能技术。典型的 CAPTCHA 是字符识别问题，其中字母出现失真。这些失真使机器很难识别这些字母。验证码的直接目的是区分人和机器，最终目标是防止机器人和其他类型的智能个体或程序能够创建账户、发布评论或其他只有人类才能完成的任务。CAPTCHA 的问题是，它对人类来说越来越困难，因为机器人正在被专门化和改进来读取它们。每当一种新的验证码技术被开发出来时，新的机器人程序就会出现，并有机会通过测试。这迫使CAPTCHA 开发人员再次更改它们。虽然CAPTCHA 在今天工作得相当好，但在大约 10～20 年后，它们将使事情变得困难和普遍，以至于人类需要更多的时间和更多的尝试。当然，还有许多其他不太知名的智力度量方法，其中大多数都是非正式的或仅仅是哲学上的，而且都没有付诸实践。机器智商(machine intelligence quotient，MIQ)一词的用法含糊不清，它在许多研究中以不同的方式使用。特别是，在模糊系统领域，至今还没有一个精确的定义。在任何情况下，MIQ的概念都是不恰当的，因为心理测量学中的商是从某一物种在特定发展阶段(儿童、成人)的个体群体中获得的。这对人类来说是可能的，但是如果没有物种的概念，或者没有人为智能系统的同质样本，就没有意义。

4.3 通用个体智能的计算

人类智能的度量依赖确定的计算体系。对人类智能度量，通常采用智商测试等方法，对机器智能度量也采取类似方法。其核心思想是，在单位时间内完成某类题目的准确率。对于描述智能的变化则采取不同题目或任务测试的思路，例如智力测试题库会随着年龄段有所区别等,而对于群体智能度量的研究仍在探索中。近年来出现的对群体智能行为进行度量的群体熵[29]、比较熵[30]、势场分析[31]等可以提供很好的思路。然而，从传感器到大型计算机、从软件到应用服务、从人类到群体智慧、从个体智能到混合智能，每年新出现的设备形态、服务种类、应用场景等差异都不断倍增，对异质群体的智能性进行统一描述时需要考虑的因素复杂多变，使群体智能中每个个体体现的智能程度，以及整个群体的智能水平都变得难以表达。因此，如何对众智这种典型的异质群体智能进行度量和计算是解决众智网络内在机理的重要问题。在度量众智的智能中，由于首先要解决的是对众多异质个体组成群体时，从无序混乱状态到有序宏观决策的表达问题，满足该描述的最佳物理学测度为熵，因此熵是目前发现的能够比较好地描述不确定性的一种计算工具，可用于对变化的情况做度量分析。下面采用熵作为衡量智能的基本思路，提出智能熵作为度量众智的测度模型，将熵理论引入智能变化的量化分析中，以对众智的变化进行分析计算。

(1) 智能量。个体具有智能的大小，记为 $A=\sum_{i\in M}\mu_i E(S(i))$ ，其中 M 为问题/评测/目标的类别；μ_i 是问题为 i 类的概率；$S(i)$ 为第 i 类问题回答/评测结果/目标的得分；$E(S(i))$ 为数学期望。

(2) 智能熵。个体智能的变化可以衡量获取智能的程度，记为 $H=C\sum_{j\in N}P_j\ln A_j$ ，其中 N 为获取智能变化的途径的种类；P_j 为智能从路径 j 获取的概率；A_j 为从路径 j 获取的智能大小。

(3) 联合计算分布函数。分布函数满足 $\mathcal{P}=\{P^1,P^2,\cdots,P^{|M|}\}$ ，其中 $P^i(i=1,2,\cdots,|m|)$ 为分布。

众智计算通过异质群体协作的方法实现以智能变化为中心的复杂计算任务。

众智计算架构如图 4.3 所示。该架构采用自底向上的金字塔计算体系，核心在于类人感知的众智复杂计算机理、端边云耦合的众智知识计算模型，以及价值最优的大规模众智计算方法等。类人感知的众智复杂计算机理可以为众智计算提供基本依据。众智计算以网络为平台，采用数字孪生的方式将物理世界的生物、程序、机器等映射到众智空间，从计算模式上可以概括为从主体空间映射至数体空间。在数体空间中，所有物理世界中的节点以众包的方式进行重组，通过感知节点能力对任务进行关联匹配。对于复杂的任务，可以开展自适应分解计算及交互式控制，从而协同节点完成各类计算任务。

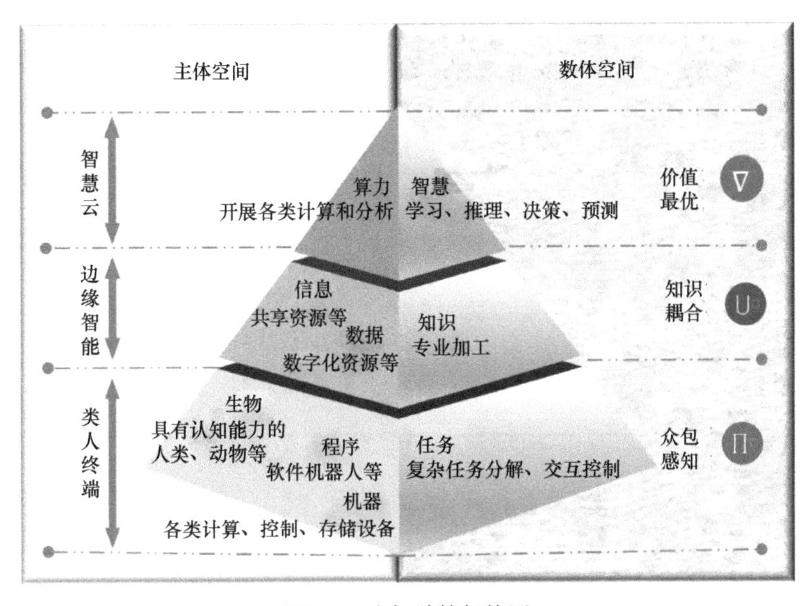

图 4.3　众智计算架构图

4.4　异构智能的计算

4.4.1　异构智能的定义

异构智能的定义是一项非常复杂的工作。当人们在不同的发展阶段和角度研究它时，可以得到不同的结果。目前，AGI 变得越来越重要。异构智能的定义是研究众智本质的基础，应该包含许多不同类型的智能体。人类和人工智能是现实世界中最具代表性的两个智能体。因此，异构智能的定义至少应该包含人工智能和人类的特征。人类智能包括许多能力，如逻辑、理解、自我意识、学习、情感知识、推理、计划、创造力、批判性思维和解决问题的能力。然而，人工智能主要是为特定的任务生成的。以往的研究缺乏关注异构智能体的混合属性。根据智能体的效率，结合人工智能的任务特点和人类能力的特点，我们提出异构智能的正式定义，即异构智能是聚合智能体多个响应能力的环境或外部刺激，并强调响应能力、响应质量和响应时间的概念，作为描述人群智能系统的关键部分。异构智能的定义示意图如图 4.4 所示。环境或外部刺激指的是任务。响应能力主要包括响应质量和响应时间。针对异构智能体的混合特性，我们用响应质量描述智能体的任务特性，用响应时间描述智能体的能力特性。响应质量是智能体完成任务的质量，响应时间是智能体完成任务消耗的时间。根据这一定义，智能体在多个新任务中的响应质量和响应时间构成整个异构智能[3]。

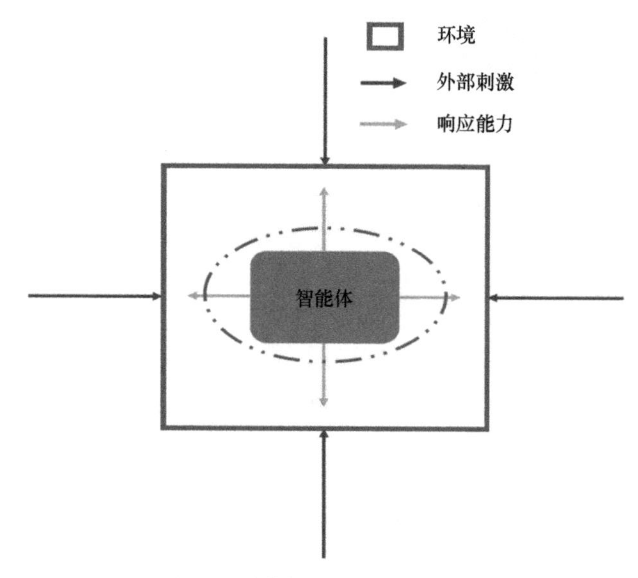

图 4.4　异构智能的定义示意图[3]

4.4.2　质量-时间模型

按照上述通用智能的定义，响应能力的刻画指标主要包括响应质量和响应时间，因此通用智能主要通过质量和时间计算。在此基础上，我们提出基于质量和时间的通用智能度量模型，记为 QTM。QTM 不单纯以最终结果做评估，更关注整个过程的完成情况。质量对应任务，时间对应能力。响应质量是智能体在多个任务中完成情况的综合评价集合，偏向于结果，主要用来度量任务完成的好坏。响应时间是智能体完成各个任务所耗费的时间，偏向于过程，主要用来度量能力的大小。最终用响应质量与响应时间的商表示智能体的智能水平大小。智能体的响应质量数学表达式为

$$Q_i = \sum_{i=1}^{N} \mu_i S(i) \tag{4.1}$$

$$\sum_{i}^{N}\mu_i = 1 \tag{4.2}$$

其中，N 为智能体完成任务的个数；$S(i)$ 为智能体在第 i 个任务中完成情况的综合得分；μ_i 为任务 i 在所有任务中所占的权重。

对于人工智能，综合评分的数学表达式为

$$S_{\mathrm{A}} = \frac{\text{Accuracy+Precision+Recall} + F1}{4} \tag{4.3}$$

其中

$$\text{Accuracy=}\frac{\text{TP+TN}}{\text{TP+TN+FP+FN}} \tag{4.4}$$

$$\text{Precision=}\frac{\text{TP}}{\text{TP+FP}} \tag{4.5}$$

$$\text{Recall=}\frac{\text{TP}}{\text{TP+FN}} \tag{4.6}$$

$$F1 = \frac{2\times\text{Precision}\times\text{Recall}}{\text{Precision+Recall}} \tag{4.7}$$

其中，TP 为模型的真正例；FP 为假正例；TN 为真反例；FN 为假反例。

对于人类，综合评分的数学表达式为

$$S_{\mathrm{H}} = \frac{15\times(X-\overline{X})}{\sigma} + 100 \tag{4.8}$$

其中，X 为人类的初始得分；$\overline{X}$ 为平均分；σ 为标准差。

根据式(4.3)和式(4.8)可知，综合评分 S 为

$$S = \begin{cases} S_{\mathrm{A}}, & \text{人工智能} \\ S_{\mathrm{H}}, & \text{人类} \end{cases} \tag{4.9}$$

因此，异构智能体智能水平的数学表达式为

$$\text{UIQ=}\sum_{i=1}^{N}\frac{Q_i}{T_i} \tag{4.10}$$

其中，Q_i 为智能体在第 i 个任务中完成情况的综合评价；T_i 为智能体完成第 i 个任务耗费的时间。

QTM 模型示意图如图 4.5 所示。以 N=3 为例，首先通过智能体具备的能力完成对应的任务，然后通过每个任务完成的质量和时间来计算智能体的通用智力商

数。对于人类来说，由于已有的一些 IQ 测试对人类能力的侧重点有所不同，因此可以通过已有的先验知识完成不同的 IQ 测试任务，并记录最终得分和答题时间，进而计算 UIQ。对人工智能来说，模型的训练和测试就是培养能力和完成任务的过程。例如，多个任务可以是人脸识别，也可以是语音识别和文本识别。但是，目前的人工智能系统基本都是单任务的，所以通用智力商数较低。在未来，AGI 应该拥有处理多任务的能力[3]。

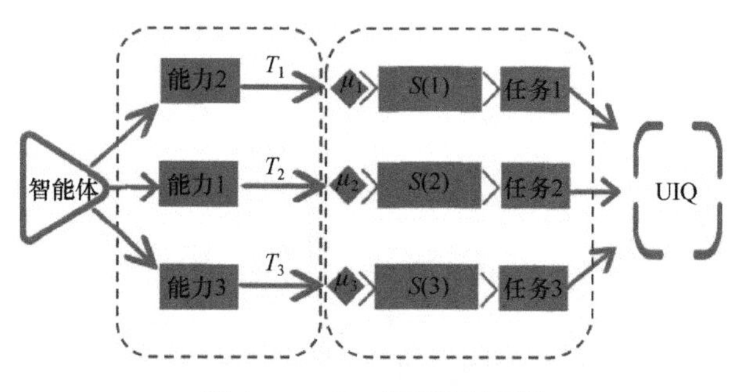

图 4.5　QTM 模型示意图[3]

4.5　本 章 小 结

本章首先介绍当前人类智能和机器智能的研究工作，然后给出一种通用个体智能的计算方法，最后从异构智能的角度讨论众智的计算方法，并对异构智能重新定义，提出一种可以计算异构智能的质量-时间模型。其主要思想是用响应质量描述智能体的任务特征，用响应时间描述智能体的能力特征。

参 考 文 献

[1] Yang Z M, Wen J. A universal intelligence measurement method based on meta-analysis// Asia-Pacific Signal and Information Processing Association Annual Summit and Conference, Lanzhou,2019: 493-498.

[2] Yang Z M, Wen J. Meta measurement of intelligence with crowd network. International Journal of Crowd Science, 2020, 4(3): 295-307.

[3] Yang Z M, Wen J. A quality-time model of heterogeneous agents measure for crowd intelligence// IEEE International Symposium on Parallel and Distributed Processing with Applications, Xiamen, 2020: 1264-1270.

[4] White S H. Conceptual foundations of IQ testing. Psychology, Public Policy, and Law, 2000, 6(1):33.

[5] Terman L M.The Measurement of Intelligence: An Explanation of and A Complete Guide for The Use of The Stanford Revision and Extension of The Binet-Simon Intelligence Scale. Houghton:

Mifflin, 1916.
[6] Terman L M, Merrill M A. Measuring intelligence: A guide to the administration of the new revised Stanford-Binet tests of intelligence. The Elementary School Journal, 1938,38(5):387-388.
[7] Wechsler D. The Measurement of Adult Intelligence. Baltimore: William and Williams, 1944.
[8] Wechsler D. Wechsler Memory Scale. San Antonio: Psychological, 1945.
[9] Wechsler D. Wechsler Intelligence Scale for Children. San Antonio: Psychological, 1949.
[10] Wechsler D. Manual for the Wechsler Adult Intelligence Scale. Oxford: Psychological, 1955.
[11] Wechsler D. Wechsler Adult Intelligence Scale-Fourth Edition (WAIS-IV). San Antonio: Pearson, 2008.
[12] Gardner H. The theory of multiple intelligences. Annals of Dyslexia, 1987,1: 19-35.
[13] Sternberg R J. A Triarchic Theory of Human Intelligence. Dordrecht: Springer, 1986.
[14] Sternberg R J. The theory of successful intelligence. Review of General Psychology, 1999, 3(4): 292-316.
[15] Turing M. Computing machinery and intelligence. Mind, 1950, 59:433-460.
[16] Cochrane P. A measure of machine intelligence. Proceedings of the IEEE, 2010,98(9): 1543-1545.
[17] Bache K, Lichman M. UCI machine learning repository. https://archive.ics.uci. edu/ml/index. php[2013-12-20].
[18] Vazquez D, Lopez A M, Marin J, et al. Virtual and real world adaptation for pedestrian detection. IEEE Transactions on Pattern Analysis and Machine Intelligence, 2013, 36(4): 797-809.
[19] Santoro A, Hill F, Barrett D, et al. Measuring abstract reasoning in neural networks// International Conference on Machine Learning, Stockholm,2018: 4477-4486.
[20] Hernández-Orallo J. Evaluation in artificial intelligence: From task-oriented to ability-oriented measurement. Artificial Intelligence Review, 2017, 48(3): 397-447.
[21] Elo A E. The rating of chess players, past and present. Acta Paediatrica, 1978, 32(3-4): 201-217.
[22] Smith W D. Rating systems for gameplayers, and learning. Princeton, NJ, NEC, Tech. Rep, 1993:93-104.
[23] Masum H, Christensen S. The Turing ratio: A framework for open-ended task metrics. Journal of Evolution and Technology , 2003, 13(2):1-23.
[24] Solomonoff R J. A formal theory of inductive inference. Information and Control, 1964, 7(1): 1-22.
[25] Li M, Vitányi P. An Introduction to Kolmogorov Complexity and Its Applications. New York: Springer, 2008.
[26] Wallace C S, Boulton D M. An information measure for classification. Computer Journal, 1968, 11(2): 185-194.
[27] Wallace C S, Dowe D L. Minimum message length and Kolmogorov complexity. The Computer Journal, 1999, 42(4): 270-283.
[28] Fikry M. CAPTCHA (completely automated public Turing test to tell computers and humans apart) menggunakan pendekatan drag and drop. Journal Sains dan Teknologi Industri, 2016, 13(1): 64-70.

[29] 段海滨, 范彦铭, 魏晨,等. 群体熵:一种群体智能行为的量化分析工具. 中国科学：信息科学, 2020, 50(3):335-346.

[30] Cochrane P. A measure of machine intelligence. Proceedings of the IEEE, 2010, 98(9): 1543-1545.

[31] Eliot N, Kendall D, Brockway M. A new metric for the analysis of swarms using potential fields. IEEE Access, 2018, 6: 63258-63267.

第 5 章　众智的水平分析方法

5.1　概　　述

智能主体的智能水平可以分为专业智能和综合智能[1]。众智中的智能主体是具有一定智能行为的主体，包括物理、信息、意识三元融合空间中，具有有限理性、偏好(自利、互利、利他)的任何人类行为主体(个人、企业、机构)、机器行为主体(智能装备、智能机器人或物品)[2]。智能主体由感知(输入)、存储(信息、策略等)、智能处理(学习、策略转换、进化等)、响应(输出、行为等构成。众智的水平大小与很多因素有关，包括智能体的规模、智能体的专业种类、众智网络的拓扑结构、智能体之间的信息共享量和智能体之间的协作情况等[3-6]。为了研究众智水平与智能主体专业种类的关系，基于业务熵的概念[7]，本章表述众智水平与业务熵的关系、众智水平与智能主体专业种类的关系、众智水平与众智网络拓扑结构的关系、众智水平与智能主体分布的关系。

5.2　基于元分析的众智水平分析方法

5.2.1　元分析简介

元分析源于统计学，是将多个研究数据整合在一起的统计方法[8]。就用途而言，它是文献回顾的新方法。元分析示意图如图 5.1 所示。可以看到，*A* 和 *B*

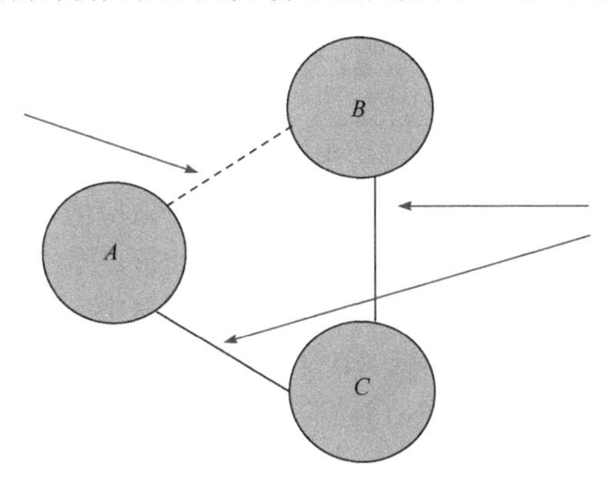

图 5.1　元分析示意图[10]

都与 C 有直接的关系，A 和 B 之间没有直接关系，可以通过 C 间接获得。元分析主要通过统计方法关注这一间接证据，可以针对已有的结论进行统一的整合分析。通过分析目前已有的研究数据，可以客观地进行评价，得出更有价值的结论[9,10]。

元分析的历史根源可以追溯到 17 世纪的天文学研究。1904 年，Pearson[11]对伤寒接种的几项研究数据进行了整理，被视为首次使用元分析方法来汇总多重临床研究。其目的是解决样本数少的研究中统计考验力降低的问题，整合多个研究结果可以更准确地分析数据。1970～1980 年，心理学界、教育研究界的学者发展出更加复杂的统计方法。元分析指对分析的分析。meta-analysis 一词由统计学家 Glass 等[12]提出。尽管 Glass 被广泛认为是该方法的现代创始人，但元分析的方法论比他的工作早了几十年。到了 1990 年，元分析已成为许多人文科学、社会科学、自然科学领域最先进的文献回顾方法。元分析在医学领域、社会科学领域和图书馆情报学领域的应用越来越广泛，并取得一些研究成果。元分析可以通过单学科设计和小组研究设计来完成。这一特点很重要，因为许多研究都是通过单学科研究设计完成的。对于单学科研究来说，最合适的元分析技术是存在争议的。元分析导致研究重点从单一研究转向多个研究，强调效果大小的实际重要性，而不是个别研究的统计意义。元分析的主要过程一般如下。

(1) 明确研究问题。在进行元分析时，首先应提出所要研究的问题，充分理解要分析的概念和使用的方法，就像实验研究中的自变量和因变量一样，确定要研究的效果量和结果。

(2) 文献检索。不同于传统定性的文献综述方法，分析时应尽可能多地收集与主题相关的所有研究资料，并通过各种手段搜索文献，即研究样本的搜索。

(3) 变量编码。在收集、选择元分析的文献后，确定要检验何种研究特征。这些特征就是元分析的变量。此外，还要根据研究特征对文献进行编码。在筛选文献时，首先进行初选，通过浏览标题、摘要，删除明显不合格的文献，然后通读全文，根据纳入标准进行仔细鉴别。

(4) 计算效应值。效应值是元分析中最主要的一个变量。计算效应值可以使同类多个个体文献得到比较。Glass 在其研究中指出，效应值是实验组均值与控制组均值的差与标准差的比值。但是在实际研究中，表征变量之间关系的系数均不相同，包括相关系数 r、T 值、F 值，以及其他一些统计值，因此需要根据所研究的领域，选择相应的统计量，将其统一转化为效应值进行比较。

(5) 同质性检验。进行同质性检验的目的在于看各个独立的实验数据能否融合。若数据间的差距很小，说明都是为了验证同一个问题；否则，考虑异质性的原因。此外，确定组内数据存在异质性后也可对其分组进行研究，原则是组内同质、组间异质。

(6) 统计分析和推断。根据统计模型，进行综合分析和统计推断。

5.2.2　众智水平的元分析过程

针对现有研究中存在的局限性，我们将元分析方法应用到众智水平多因素相关性分析问题中，通过检索智能水平度量的相关文献构建数据集，利用这些研究数据的多因素关系建立统计学模型，进而通过模型检验、模型求解和统计分析得到一个统一的众智水平度量模型。元分析度量模型如图 5.2 所示。具体来说，基于元分析的众智水平度量模型构建方法包括获取多个智能水平度量的研究数据；确定筛选标准，对该研究数据进行筛选得到分析数据，构建分析数据集；对该分析数据集进行元分析，获取该分析数据的时间权重、复杂度权重和回报权重；构建智能水平度量的回报模型和复杂度模型；以时间权重、复杂度权重、回报权重、回报模型和复杂度模型构建众智水平度量模型[10]。具体步骤如下。

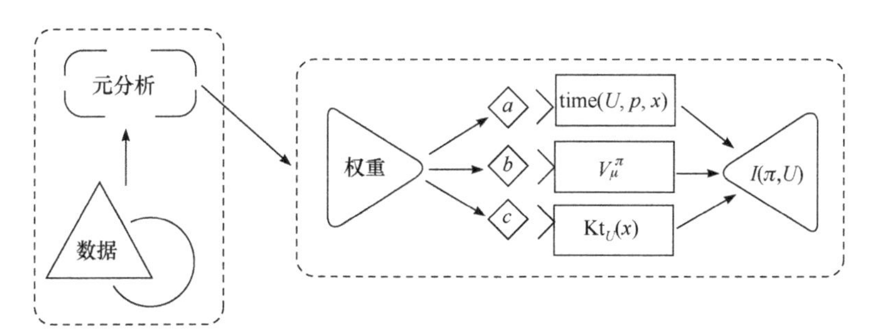

图 5.2　元分析度量模型[10]

(1) 获取相关数据。

元分析检索数据的方法与传统的文献检索方法不同，应该尽可能多地收集与智能度量相关的研究数据，以保证全面性。为了给元分析方法提供分析依据，首先需要确定大量的检索关键词和有代表性的检索数据库。关键词应尽可能地包括与人类智能和机器智能度量相关的领域。然后，通过关键词在数据库内进行检索，获得初始数据集。经过研究目前的智能水平度量方向的学术进展，确定关键词和数据库。其中，检索关键词为 Intelligence(智能)、Measurement(度量)、Universal(通用的)、Increment(增量)、Crowd(众)、Level(水平)、Digital(数字的)、Physical(物理的)、Crowd Network(众智网络)、Entropy(熵)、Machine(机器)、Artificial(人工的)。关键词示意图如图 5.3 所示。

检索数据库为 Google Scholar。最终检索到 42 篇文章，基本涵盖与智能水平度量相关的所有领域。

图 5.3　关键词示意图

(2) 筛选数据。

由于难免检索到一些无效的数据，因此需要对所有数据进行合理地筛选，以便排除明显不合格、与研究无关的数据。首先，通过浏览数据标题和摘要进行初步筛选，然后根据确定的筛选标准进行筛选。筛选标准是人为确定的，根据研究课题的不同和检索数据的结果而不同。经过研究，确定的筛选标准是，如果数据标题中含有 Intelligence 和 Measurement 中的任何一个，就将它作为有效数据。如果不含上述两个关键词，但是含有其他任意两个或两个以上的关键词，也可以将它作为有效数据；否则，将它剔除。需要说明的是，在剔除的过程中，需要对每个剔除的数据进行记录，并说明剔除的原因，以保证研究的准确性和全面性。此外，这个筛选标准不是一成不变的，可以根据实际情况进行调整。

(3) 以时间、复杂度和回报为特征对数据进行元分析。

时间、复杂度和回报这三个因素均为目前对智能体的智能水平程度影响较大的指标，因此我们选择这三个主要因素进行分析和建模。在传统的度量方法中，虽然也同时考虑这三个因素，但是对它们都是同等看待的，并没有对它们的影响力作出比较，也没有考虑它们之间的关系。这将严重影响最终度量结果的准确性，因此通过元分析对已有数据的建模分析能够得到时间、复杂度、回报的权重 a、b、c。

(4) 计算方法。

首先，定义智能水平度量的回报，即

$$V_{\mu}^{\pi} = p_U(\mu) E\left(\sum_{i=1}^{\infty} r_i^{\mu,\pi}\right) \tag{5.1}$$

其中，$P_U(x) = 2^{-K_U(x)}$，为每个环境分配概率；μ为在通用机器 U 上编码的环境；π为要评估的智能体；r_i 为智能体与环境在交互过程中的奖励，是环境的输出。

柯尔莫哥洛夫复杂度为

$$K_U(x) = \min_{U(p)=x} l(p) \tag{5.2}$$

其中，$l(p)$为 p 的位长度；$U(p)$为 U 上执行 p 的结果。

例如，如果 x=1010101010101010 且 U 是编程语言 Lisp，则 $K_{\text{Lisp}}(x)$是 Lisp 中输出字符串 x 最短程序的位长。U 选择的相关性主要取决于 x 的大小。由于任何机器都可以模拟另一台机器，因此对于机器 U 和 V，都有一个常数 $c(U, V)$。它只取决于 U 和 V，并且不依赖 x。

算法信息理论的一个主要问题是，柯尔莫哥洛夫复杂度是不可计算的。引入时间，修正可以得到复杂度，即

$$\text{Kt}_U(x)\{l(p) + \log a \cdot \text{time}(U, p, x)\} \tag{5.3}$$

其中，$l(p)$为 p 的位长度；time(U, p, x)为 U 执行 p 产生 x 的时间。

(5) 构建众智水平分析模型。

基于时间、复杂度、回报等因素元分析的结果和上述计算方法，可以构建众智水平分析模型，即

$$I(\pi, U) = \sum_{\mu=i}^{\infty} b\text{Kt}_U(x)\, cV_\mu^\pi = \sum_{\mu=i}^{\infty} b(l(p) + \log a\, \text{time}(U, p, x))\, cE\left(\sum_{i=1}^{\infty} r_i^{\mu,\pi}\right) \tag{5.4}$$

其中，a、b、c 为时间、复杂度、回报的权重。

(6) 对元分析过程进行同质性检验和偏倚性分析。

首先对整个众智水平的元分析过程进行同质性检验。同质性检验指对上述筛选后数据集中研究的结果合并分析的合理性进行检验。同质性检验的目的主要是检查各个独立研究数据中的内容是否能够相融。我们采用舍弃商法(Q 检验法)判断各个独立研究数据的内容是否具有同质性。它服从自由度为 k–1 的卡方分布，k 是效应值的数量。如果 Q 在统计上显著，那么这些效应值是一个异质性分布，应该采用随机效应模型。随机效应模型可同时考虑研究间的变异并估计效应分布的平均值，因此可防止低估小样本的权重或高估大样本的权重。它能产生更大的置信区间，进而得到更为保守的结论。如果 Q 在统计上不显著，固定效应模型和随机效应模型的计算结果相似，但是如果 Q 检验的统计量在临界值附近，应同时采用两种模型，并比较参数估计是否有差异。然后，对整个众智水平的元分析过程进行偏倚性分析。在大多数研究中，判断发表偏倚问题大都采用绘制漏斗图的方法。其基本思想是，每个纳入研究的效应值的精度应随样本含量的增加而增加，以合并效应值的大小为横坐标，以标准误差为纵坐标作图。如果没有发表偏倚，应该呈一个倒置的漏斗形，即漏斗图上的点围绕研究效应点估计的真实值对称散开，并且小样本的标准误较大，散开在漏斗图的底部。随着样本容量的增加，研究精度增加，散点比较集中；反之，存在发表偏倚问题。

5.3　基于业务熵的众智水平分析方法

5.3.1　影响业务熵的因素分析

1. 专业分布偏差

网络专业分布(network professional distribution，NPD)是众智网络中智能主体的专业种类分布。智能主体的专业种类是 NPD 和业务熵的主要参数。NPD 和业务熵之间存在相关性。这种相关性可以描述为 NPD 与优化 NPD 之间的偏差。

假设智能体在众智网络中的总数是N，专业类别在众智网络的数量是K。通常情况下，一个众智网络的目标是完成各种各样的子任务(而不是满足特定类型的任务)。其优化 NPD 应均匀分布。在这种情况下，最优 NPD 为每个专业类别的$1/K$。当优化后的 NPD 均匀分布时，可以描述偏差与业务熵关系的散点图。当$N=15$、$K=3$时，专业分布偏差与业务熵关系的散点图如图 5.4 所示。可以看出，专业分布偏差与业务熵线性负相关。

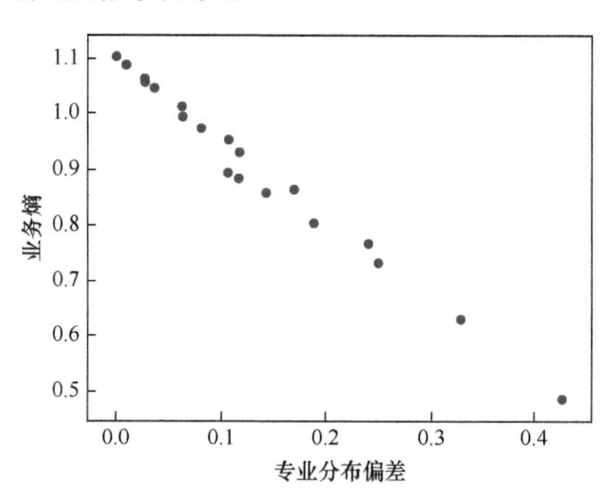

图 5.4　专业分布偏差与业务熵关系的散点图[7]

然而，并非所有 NPD 都是均匀分布的。例如，在蚁群网络中，工蚁的数量远远大于蚁后。本节介绍期望分布(优化 NPD)的概念，即一个网络可以完成不同类型的子任务，每个特定子任务的优化 NPD 可以是不同的。因此，本节将众智网络的优化 NPD (optimized NPD，OPD)定义为给定目标网络最近任务的 OPD 期望值。OPD 是一个一维数组。数组中的每一项都代表一个特定专业类别的 OPD。

2. 主体交互模式

多个智能体可以相互通信和影响。多智能体协调指具有不同目标的多个智能体对其目标、资源等进行合理安排，以协调各自行为最大限度地实现各自目标。多智能体协作指多个智能体通过协调各自行为，合作完成共同目标[13]。因此，可以看出，智能主体之间的交互作用实际反映的是智能主体之间的通信情况。例如，在物流供应链协同运作过程中，系统内部各要素间的协同使系统内的资源得到优化组合和利用、系统运作效率提高、系统整体成本节约[14]。这就是协同正效应，反之就是协同负效应和无协同效应。

众智网络由各类智能主体及其之间的联系构成。这种联系承载着主体之间的交互。本节介绍描述众智网络中这些边缘的主体交互模式(subject interaction pattern，SIP)。多主体协调指在多个主体之间合理安排资源，使群体网络的整体智能水平最大化。因此，智能主体之间的交互实际上反映众智网络获得的有限资源是如何被安排的。例如，在物流供应链中，系统内部各要素的协调使资源得到充分利用，提高系统运行效率，节约整体成本。这是积极的合作效应，反之则是消极的合作效应，甚至没有合作效应。在众智网络中，为了提高网络效率，可以在网络中添加或删除主体，这也会使业务熵增加[15]。此外，重要性高的主体(如智能水平高的主体)可能比其他主体更活跃，因此重要性高的主体可能产生更多的交互。在此基础上，通过在原有的业务熵方程中引入交互模式来描述智能主体的重要性，可以建立更准确的业务熵量化模型[7]。

5.3.2　多因素业务熵量化模型

本节根据 PDD 和 SIP 与业务熵的关系对原来的业务熵公式进行修正，可以使业务熵模型更加一般化和准确[7]。

智能主体间的交互作用使一种专业类型的部分智能主体转化成为另一种专业类型的智能主体。这会导致网络分布发生改变。智能主体间的交互对整个网络的作用是有直接影响的。具有自主交互、协商和学习能力的多智能体系统可以有效模拟参与社交网络个体的社会行为，需要根据给定网络拓扑结构和节点间协商规则，删除中性节点，因为它们在网络中没有表现出新的行为。在对社交网络的分析中，这些智能体并不值得关注。这样可以减少分析网络的复杂性和成本[16]。为了准确描述每个专业类别内的主体 SIP，既考虑同一类别智能学科之间的交互，也考虑不同类别智能学科之间的交互。因此，专业类别 i 的重要性可以表示为

$$I_i = q\frac{C_i^{\text{other}}}{C_i^{\text{total}}} + (1-q)\frac{C_i^{\text{within}}}{C_i^{\text{total}}} \tag{5.5}$$

其中，q 为权重值，它的值在 0 到 1 之间；C_i^{other} 表示第 i 类智能体与其他类的交互；C_i^{within} 表示第 i 类智能体内部的交互；C_i^{total} 表示第 i 类智能体的总交互。

基于每个专业类别中智能主体的交互 SIP，可以通过确定该主体是否持续活

跃来计算每个特定主体的 SIP。同样，一个主体的活动水平可以通过考虑同一类别智能主体之间的交互作用和不同类别智能主体之间的交互作用来量化。根据定义，既可以根据目标智能主体与其他专业类别智能主体之间的交互次数，也可以根据目标智能主体与同一类别智能主体之间的交互次数来量化活动水平。因此，专业类别为 i 的智能主体 j 的 SIP 可以定义为

$$\mathrm{SIP}_{ij} = \sum_{i' \neq i} I_{i'} \frac{C_{i'}^{j}}{C_{j}^{\mathrm{total}}} + I_{i} \frac{C_{i}^{j}}{C_{j}^{\mathrm{total}}} \tag{5.6}$$

其中，$C_j^{\mathrm{total}} = C_{i'}^{j} + C_{i}^{j}$，$C_{i'}^{j}$ 表示智能体 j 与第 i' 类智能体的交互，C_{i}^{j} 表示智能体 j 与第 i 类中其他智能体的交互。假设众智网络中智能主体数量为 K，总智能主体数量为 N，职业类别 i 中的智能主体数量为 M_i，则偏差定义为

$$\mathrm{PDD} = \sum_{i=1}^{K} \left(\frac{M_i}{N} - \mathrm{OPD}_i \right)^2 \tag{5.7}$$

其中，OPD_i 表示网络中第 i 类智能体对应的最优 NPD 值。

我们提出的多因素业务熵量化(multi-factor business entropy quantization，MFBEQ)模型基于信息熵的概念，将这两个因素综合起来，可得

$$P_d = (-\mathrm{PDD}) - \sum_{i=1}^{i=K} \sum_{j=1}^{j=M_i} \mathrm{SIP}_{ij} \times \ln(\mathrm{SIP}_{ij}) \tag{5.8}$$

综上所述，MFBEQ 模型的实现进行如下形式化。

第一步，参照 5.3.2 节中的数据、定义，以及模型中涉及的超参数 q，确定最优 NPD。

第二步，根据式(5.5)，计算所有专业类别的重要性。

第三步，根据式(5.6)，计算所有主体的 SIP。

第四步，根据式(5.7)，计算目标网络的 PDD。

第五步，根据式(5.8)，计算目标网络的业务熵。

5.3.3 多智能体网络案例分析

本节将我们提出的模型代入具体的网络实例中，定量分析业务熵与网络实例的关系。根据众智科学解决的基本问题类型和众智网络系统的功能，众智科学的基本问题即众进化和众决策两种问题。众进化问题指在众进化问题的网络中，各个智能主体会通过竞争、合作等博弈的方式完成某一特定任务使自身更强。这必然引起网络中某些种类智能主体逐渐被淘汰，某些新智能主体崛起。针对众协作与众进化网络，其网络规模往往会发生改变。解决方式之一就是众包，通过网络

中各个智能主体相互协作产生高于单个智能主体的效率。Howe[17]指出众包是将软件开发领域中开放源代码的方法应用到其他领域。就像 Linux 一样，众包网络集中了众人的智慧，网络的功能更加强大，并且可以更高效地完成某一项特定地任务。在社区网络的每个结点上，个体会发挥其能动性、创造性[18]，而不是“一人独裁”的局面。

众决策问题研究如何将一群个体中每一成员对某类事物的偏好汇集成群体偏好，以使该群体对所有事物做出优劣排序或从中选优。作为一种抉择的手段，群体决策是处理重大定性决策问题的有力工具。由于群体中各个智能主体的偏好，以及价值观的不同，从心理学的角度来讲，个体会根据已有的知识和认知做出决策[19]。

本节选择物流供应链网络、蚁群网络和区块链网络这三个网络作为模型用例。首先，这三个网络都可以看作众智的三个典型应用场景。蚁群网络本质上属于众智网络，供应链和区块链属于人类社会学中的众智网络。然后，这三种网络的合作模式具有典型性。供应链和蚁群网络有明确的分工，因此很容易区分它们智能主体的类型。在区块链中，智能主体之间的区别并不明显，因为在网络中，主体通过做同样的劳动与他人合作或竞争。蚁群网络和供应链网络属于解决众协作与众进化问题的网络。区块链网络属于解决众决策问题的网络。

1. 物流服务供应链协同运作

物流服务供应链是由功能物流服务提供者、物流服务集成商、制造企业和零售企业连接起来的一种功能网络结构模式[20]。物流服务供应链的协同循环过程示意图如图 5.5 所示。其中，H 为分销商，W 为成品临时入库，D 为配送中心。物流供应链之间的这些联系可以描述生产、配送和消费的流程。由于物流供应链涉及不同行业和分销商之间的协调运作，因此这些企业之间应该建立良好的协调机制。这种机制应该通过频繁的信息传递和互动进行，否则会导致成本的浪费和利润的降低。目前，物流服务供应链的规模可以说是前所未有的。这表明，物流服务供应链的规模正在不断扩大，其中可能包括更智能、更强大的主体。

各个智能体之间的交互作用对这个供应链的意义非常重大。协同正效应能使成本降低、收益增大。主体之间的相互作用对供应链具有重要的意义，积极的协同效应可以降低成本，提高效益。从整体网络来看，主要包括供应商、制造商和销售商。供应商及时通知制造商零件供应情况，制造商需要将生产情况通知卖方。卖方将销售情况和需求情况反馈给制造商，制造商也将相应的原件需求反馈给供应商。只有通过这种不断的互动和沟通，整个供应链网络才能有效地运行。

当有新的供应商、生产商、销售商加入原来的网络时，整个网络的规模会扩大。假如增加物流供应商，那么生产商就会有更多的选择，根据业务熵的公式，可以得到新的业务熵，从而确定增加哪个智能主体。供应链图如图 5.6 所示。

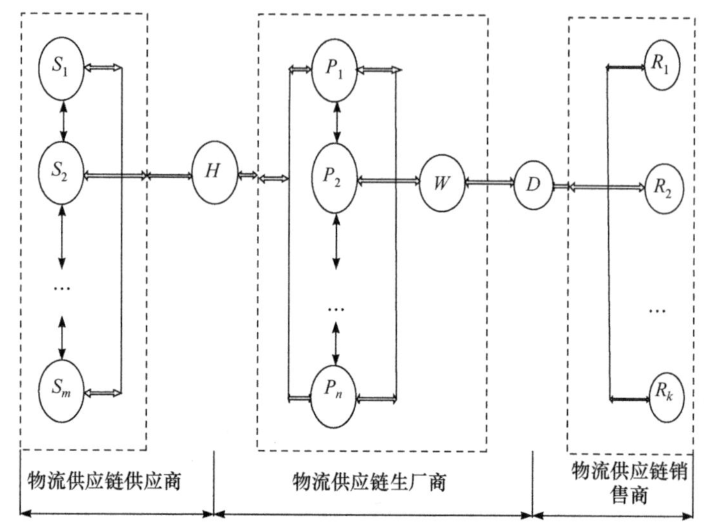

图 5.5　物流服务供应链的协同循环过程示意图[7]

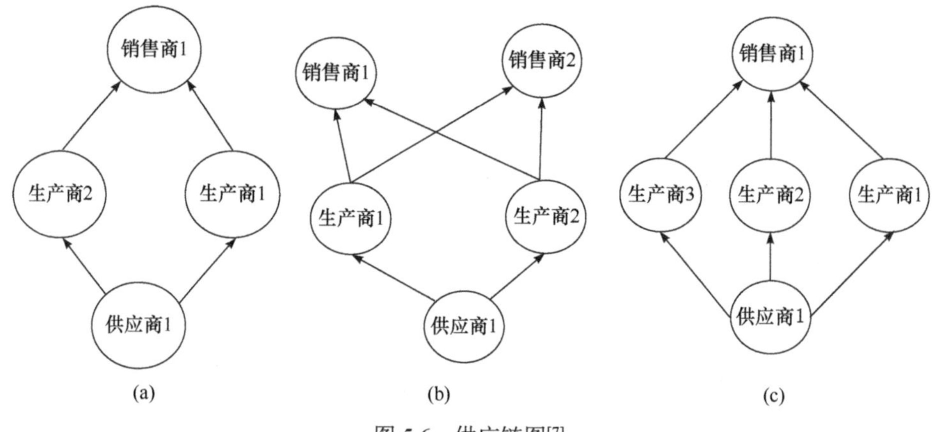

图 5.6　供应链图[7]

2. 蚂蚁社会行为分析

在自然界中，有很多动物可以做人类难以做到的事情。例如，蜜蜂筑的巢，结构不但特别漂亮，而且很结实。除了蜂巢，蚂蚁觅食的过程也证实了这一点。单个蚂蚁可能没有任何智能，但一些复杂的任务，如觅食行为、迁移和打扫巢穴，可以通过协作完成。这些动物组成的众智网络是它们完成任务的先决条件。蚂蚁通过释放信息素实现信息的传递和相互作用[21]，因此蚂蚁之间有直接的互动。这种互动可以帮助它们区分不同种类的任务。蚂蚁觅食图如图 5.7 所示，其中#表示蚂蚁。在觅食过程中，当没有障碍物时，蚂蚁寻找食物。当一些蚂蚁被障碍物隔开，随着时间的推移，更多的蚂蚁选择接近食物的路径；蚂蚁发出“沟通”的信息素，更多的蚂蚁选择较短的路径；所有的蚂蚁都在发现食物的最短路径。由此可见，信息交互的程度对网络有很大的影响。

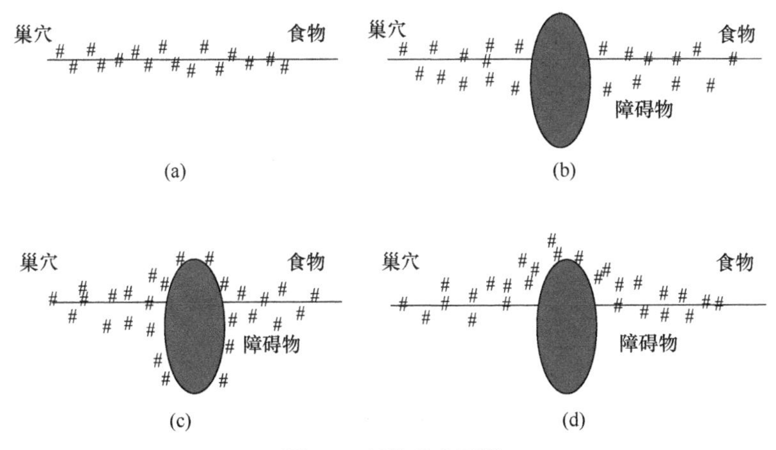

图 5.7　蚂蚁觅食图[7]

蚁后的主要工作是产卵、繁殖和管理家庭成员。雄蚁的主要工作是与蚁后交配。工蚁负责建造和扩大巢穴、收集食物、喂养幼虫和蚁后。对于蚂蚁网络来说，网络规模的变化与繁殖率和死亡率密切相关。为了完成特定的任务，蚂蚁会根据自己的专业类别分配任务。

对于蚂蚁构成的网络来说，蚁群通过某种信息素进行信息交互。蚁群网络示意图如图 5.8 所示。经过蚂蚁的繁殖与死亡，网络规模显然就会发生变化，所以对业务熵有影响。如果仅仅是工蚁大量死亡，那么业务熵会降低(假设业务熵中的分母，即智能主体个数几乎没有变化，而工蚁作为分子的数量大大减少，此时业务熵整体是减少的)，因此整个网络的众智水平会降低。

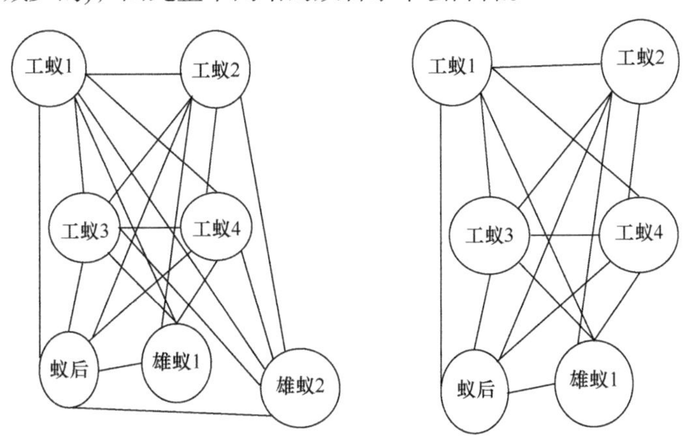

图 5.8　蚁群网络示意图[7]

3. 区块链网络

如图 5.9 所示，集中网络中始终存在一个“权威”节点 S，在 P2P 网络中，每个角色的状态是相等的。通过广播机制进行信息交易，区块链网络中的信息交互显然是非常充分的。基于该机制，系统可以判断是否将事务记录放入块中，因此广播机制对各学科的决策具有重要意义。

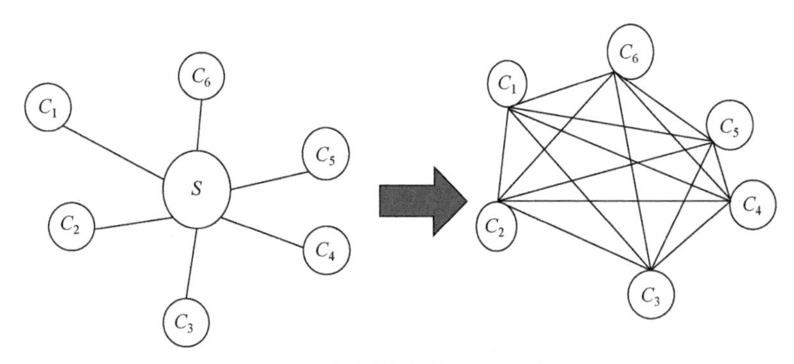

图 5.9　集中网络到 P2P 网络[7]

随着网络规模的不断扩大。整个网络节点越多，网络的鲁棒性就越强。具体来说，除非超过半数的节点存在问题，否则网络将安全有效地运行[22]。由于区块链网络是一个分散的网络，因此每个节点的状态是相等的。节点之间的工作证明共识机制建立了节点之间的相互信任。激励机制确保节点提供计算能力来维护整个网络。在这些机制下，主体之间进行竞争与合作，可以保证网络有效运行。当一个新节点想纳入网络时，原来网络中的各个节点通过共识机制进行信息交互作用，决定是否纳入新节点。纳入新节点就意味着网络规模会发生变化，进而导致业务熵值发生改变。因此，在这样的“连锁反应”下，整个网络的水平会因新节点的纳入发生改变。具体是怎么样进行改变的，需要通过分析业务熵的变化来决定。

5.3.4　智能主体水平区分

并不是所有的网络都能通过分工找到自己的专业类别，因此本节提出改进的基于差分进化的 K 均值聚类算法。差分进化是 Storn 和 Price 在 1995 年提出的一种基于种群差异和随机搜索的进化算法。差分进化是一种基于仿生智能进化的算法，具有内部信息共享和保存个体最优解的特点。差分进化算法作为一种新型高效的启发式并行搜索技术，具有收敛速度快、控制参数少、训练设置简单、优化结果鲁棒等优点[23]。

假设初始种群为 $\mathrm{PG}=\{X_{i,G}\,|\,i=1,2,\cdots,N_P\}$，其中 $X_{i,G}=\{x_{i,G}^{j}\,|\,j=1,$

2, ⋯,D}，它是 G 代中的第 i 个个体。每个个体都由属性 D 描述。具体操作步骤如下。

(1) 突变操作。随机选择一个个体作为父基向量，另两个个体作为来自群体的父差异向量。根据下式产生突变个体，即

$$V_{i,G}=X_{i,G}+F(X_{b,G}-X_{c,G}) \tag{5.9}$$

其中，F 为根据经验确定的比例因子。

(2) 交叉操作。利用第 i 个个体 $X_{i,G}$ 与其对应的突变个体 $V_{i,G}$ 通过式(5.9)进行交叉操作，可以得到一个新的个体 $U_{i,G}$，即

$$U_{i,G}=(u_{i,G}^{1},u_{i,G}^{2},\cdots,u_{i,G}^{D}) \tag{5.10}$$

$$u_{i,G}^{j}=\begin{cases}v_{i,G}^{j}, & r_j\leqslant \mathrm{CR}\\ x_{i,G}^{j}, & 其他\end{cases} \tag{5.11}$$

其中，r_j 为每次迭代生成的随机数；CR 为预置常数。

(3) 选择操作。健康状况较好的个体被用于下一代的表现，下一代 $X_{i,G+1}$ 的计算公式为

$$X_{i,G+1}=\begin{cases}U_{i,G}, & f(U_{i,G})\leqslant f(X_{i,G})\\ X_{i,G}, & 其他\end{cases} \tag{5.12}$$

考虑聚类操作，定义适应度函数为 $f(X_i)=Jc$。Jc 的计算公式为

$$Jc=\sum_{j=1}^{k}\sum_{X_i\in Z_j}d(X_i,Z_j) \tag{5.13}$$

其中，Z_j 为第 j 个聚类中心；$d(X_i,Z_j)$ 为样本到对应聚类中心的欧氏空间距离。

采用拉普拉斯变换算子选择因子 F。拉普拉斯变换算子不但可以保持种群的多样性，而且可以提高算法的收敛速度[24]。拉普拉斯分布可以表示为

$$f(x\mid\mu,\theta)=\frac{1}{2\mu}\exp\left(\frac{-|x-\theta|}{\mu}\right),\quad -\infty\leqslant x\leqslant +\infty \tag{5.14}$$

为了防止差分进化算法后期可能出现的早熟和进化停滞现象，进行早熟判断[25]，即

$$p_i=\frac{f_i-f_{\text{best}}}{f_{\text{worst}}-f_{\text{best}}} \tag{5.15}$$

基于以上分析，算法的操作流程如下[7]。

步骤 1，设置个体数 N 和最大迭代次数 $G_{\max}$。

步骤 2，随机选取样本作为聚类中心，计算当前位置的适应度值，即种群初

始化。

步骤 3，对于每个个体 $X_{i,G}$，根据拉普拉斯分布随机生成突变算子 F。

步骤 4，根据式(5.9)进行变异操作，式(5.11)进行交叉操作，生成测试向量 $U_{i,G}$，然后根据式(5.12)进行选择操作。

步骤 5，根据个体的聚类中心编码，通过最近邻规则对样本重新分类。

步骤 6，重新计算新的聚类中心，并替换原来的值。

步骤 7，从式(5.15)检查个体是否属于局部最优。如果是，则在个体变量尺度上进行混沌搜索，进入步骤 3。

步骤 8，如果没有实现终止条件，转到步骤 3，G 值增加 1；否则，输出最佳个体值 X_{best} 和最佳适应度值 $f(X)_{\text{best}}$，算法结束。

5.4 本 章 小 结

本章主要介绍众智水平分析的方法，包括基于元分析的众智水平分析方法和基于业务熵的众智水平分析方法。首先，将众智网络的智能水平定义为完成最新任务时的期望奖励。然后，通过优化众智网络的专业分布，提高众智网络的智能水平。通过引入业务熵的概念，提出影响业务熵的几个因素，分析众智网络的智力水平与主体专业分布之间的关系。通过对 PDD 和 SIP 的量化和结合，提出一种 MFBEQ 模型计算众智网络的业务熵。最后，将差分进化模型和 K 均值聚类方法应用于众智网络，发现智能主体的专业分布，从而实现众智水平的定量分析。

参 考 文 献

[1] Prpic J, Shukla. Crowd science: Measurements, models, and methods//Hawaii International Conference on System Sciences, Hawaii, 1977: 4365-4374.

[2] De Vellis R F. Classical test theory. Medical Care, 2006, 44(S3):50-59.

[3] Embretson S E, Reise S P. Item Response Theory. New York: Psychology, 2013.

[4] Hernández-Orallo J, Dowe D L. Measuring universal intelligence: towards an anytime intelligence test. Artificial Intelligence, 2010, 174(18):1508-1539.

[5] Gavane V. A measure of real-time intelligence. Journal of Artificial General Intelligence, 2013, 4(1): 31-48.

[6] Gardner H. Frames of mind: The theory of multiple intelligences. Quarterly Review of Biology, 1985, 4(3):19-35.

[7] Li Z, Pan Z, Wang X, et al. Intelligence level analysis for crowd networks based on business entropy. International Journal of Crowd Science, 2019, 3(3):249-266.

[8] Myszkowski N, Celik P, Storme M. A meta-analysis of the relationship between intelligence and visual “taste” measures. Psychology of Aesthetics Creativity and the Arts, 2016 , 12(1):24-33.

[9] Yang Z M, Ji W. A universal intelligence measurement method based on meta-analysis// 2019 Asia-Pacific Signal and Information Processing Association Annual Summit and Conference, Lanzhou , 2019 : 493-498.
[10] Yang Z M, Wen J. Meta measurement of intelligence with crowd network. International Journal of Crowd Science, 2020, 4(3):295-307.
[11] Pearson K. Antityphoid inoculation. British Medical Journal, 1904, 2(2290): 1432-1433.
[12] Smith M L, Glass G V. Meta-analysis of psychotherapy outcome studies. American Psychologist, 1977, 32(9): 752-760.
[13] Jennings N R. Controlling cooperative problem solving in industrial multi-subject systems using joint intentions. Artificial Intelligence, 1995, 75(2): 195-240.
[14] Chapman R L, Claudine S, Jay K. Innovation in logistics services and the new business model: A conceptual framework. International Journal of Physical Distribution and Logistics Management, 2003, 33(7): 630-650.
[15] He N, Li D Y , Gan W Y, et al.Computer science. A Review of the Discovery of Important Nodes in Complex Networks, 2007, 34(12): 1-5.
[16] Ren Z M, Shao F, Liu J G, et al.Research on importance measurement method of network nodes based on degree and clustering coefficient. Acta Physica Sinica,2013, 62(12):1-5.
[17] Howe J. The rise of crowd sourcing.Wired Magazine, 2006, 14(6): 176-183.
[18] Sinha K. New trends and their impact on business and society. Journal of Creative Communication, 2008, 3: 305-317.
[19] Herrera-Viedma E, Martinezl M F. A consensus support system model for group decision making problems with multi granular linguistic preference relations. IEEE Transactions on Fuzzy Systems, 2005, 13(5): 644-658.
[20] Persson G, Virum H. Growth strategies for logistics service providers, a case study. International Journal of Logistics Management, 2001, 12(1): 53-64.
[21] Colorni A, Dorigo M, Maniezzo V. Distributed optimization by ant-colonies// European Conference on Artificial Life Pans, Boston, 1991: 134-142.
[22] Yuan Y, Wang F Y. Block chain: The state of the art and future trends. Acta Automatica Sinica, 2016, 42(4): 481-494.
[23] Storn R, Price K. Differential evolution-a simple and efficient heuristic for global optimization over continuous spaces. Journal of Global Optimization, 1997, 11(4): 341-359.
[24] Laszlo M, Mukherjee S. A genetic algorithm that exchanges neighboring centers for k-means clustering. Pattern Recognition Letters, 2007, 28(16): 2359-2366.
[25] Omran M G H, Engelbrecht A P, Salman A. Dynamic clustering using particle swarm optimization with application in unsupervised image classification. Proceedings of World Academy of Science, Engineering and Technology, 2005, 9(11): 199-204.

第 6 章　众智网络的互联信息机理

6.1　概　　述

随着机器学习技术的发展，众智网络系统变得越来越复杂多样，智能水平也不断提高。现实生活中的众智现象越来越多，其衍生的网络结构也越来越复杂。众智存在于任何需要多个智能体协作完成的任务中。众智现象在自然界和人类社会中广泛存在。自然界中有蚁群效应、飞鸟的形成等。在经济领域，众智现象可用于企业的经营管理过程和产业链[1]。因此，众智网络的概念在人类社会中广泛存在，在网络中，个体、企业、机构和智能工具协同工作，共同完成一定的任务，都可以被视为智能体。众智网络中的智能体类型是异质的，它们在包括信息空间、物理空间和意识空间在内的复杂系统中运行。环境中的一种复杂性来自它们的异构性。从理论上讲，日益丰富的环境和无数操作智能环境的用户的刻板印象将增加使用智能环境所需的复杂性和资源[2]。同时，混合空间的结构也会受到智能体类型和任务变化的影响。网络中的大数据问题也会对目标的分析产生一定的影响[3]。在人工智能时代，众智网络等人工智能系统越来越复杂多样，随着智能水平不断提高，众智网络变得越来越广泛和复杂。在众智网络中，许多智能体需要完成不同的任务[4]。欲对众智系统的智能水平进行评估，就要对影响众智水平的因素进行分析。由于众智网络的复杂性，影响众智水平的因素有很多，主要有智能体规模、智能体专业种类、网络拓扑结构、智能体共享信息等，影响因素的不确定性导致难以对这些因素进行定性及定量的分析。因此，可以针对某一因素(在保证其他环境不变的条件下)对众智水平进行定性分析。在众智网络中，为了协作完成任务，智能体间一般是信息共享的，通过交换和共享策略转化规则和行为等信息，可以更有效地完成任务，获得更多的奖励，达到高水平的智能。本章以众智水平的定性分析为切入点，从共享信息的角度出发分析众智网络的互联信息机理。

例如，人与计算机使用一定的对话语言，以一定的方式交互实现人与计算机之间完成一定任务的信息交换。Conway 等[5]提出人机交互各种形式的共享控制的分类。同时，任务响应理论估计和算法信息理论[6-8]可以对机器智能进行测试。共享信息也应用在各个领域，促进相应领域的发展。在医学上，整合基于基因组的信息学，可以实现全球疾病监测、信息共享和应对，确保更有效地检测、预防和控制地方性疾病[9]。在现代商业中，供应链存在相互竞争。信息共享和协作都显示出对供应链绩效部分的重要作用[10]。Schloetzer[11]也对供应链中的信息共享进行了分析。为了提高粒子群优化算法的性能，Li 等提出一种信息共享机制(information sharing mechanism,ISM)。ISM 允许每个粒子共享其最好的搜索信息，其他粒子都可以通过与它通信利用共享的信息[12]。这样，粒子就可以充分利用整个群体的搜索信息，增强与其他粒子的相互作用，提高粒子的搜索能力。Sharon 等[13]提出一个概念动态模型解释信息共享的进一步运用机理。

本章从信息共享的角度出发，研究众智网络中的互联信息机理，分析智能体间的交互模式，并基于交互模式对网络的信息共享模型进行优化，实现对不同网络结构和任务的自适应信息互联优化。通过对共享信息的合理运用，可以提高网络的众智水平，优化网络性能。众智网络中的个体可以根据任务的需要相互交流和共享信息。网络信息交互图如图 6.1 所示。同一种信息可以在个人之间传播，不同的个人可以根据需要获得相应的信息。这些信息可以从它们的邻居或网络中更远处的智能体获得[8]。当合作完成任务时，众智网络中的个体可以选择在其邻居之间共享特定的信息或将信息传播到网络，以便更好地完成任务[4]。本章从众智网络中的信息共享与自适应网络优化两方面进行介绍[14,15]。

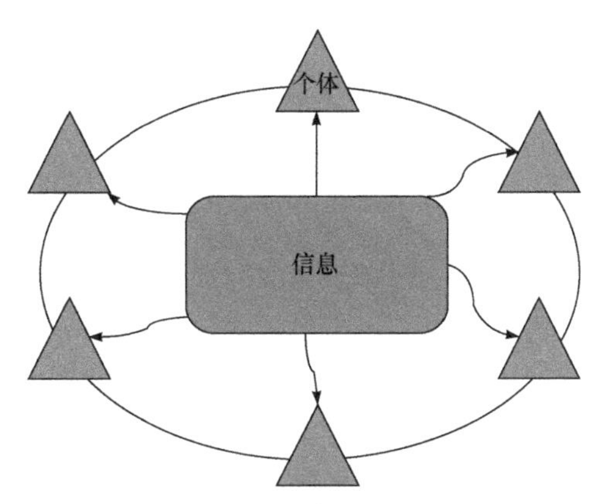

图 6.1　网络信息交互图

6.2　众智网络与信息共享

6.2.1　信息共享基本原理

本节介绍信息共享的基本知识点，包含智能体间信息交互模型和量化智能体间共享信息的共享信息量概念。同时，还介绍 Q 学习算法。

1. 智能体交互模式

在一个网络或现实世界中，个体不是独立存在的，大多个体都需要与其他个体进行交互，合作完成某项任务。个体间的交互模式是多样的，一对一、多对一、多对多联合交互。个体可以直接与某个个体交互，或者通过一个、多个个体与目标个体实现交互。邻居交互模式图如图 6.2 所示。我们用 Ind 表示个体，能与个体直接进行交互的个体用 1-nei 表示，需要通过 1-nei 进行交互的个体用 2-nei 表示，依此类推。个体可以直接获取 1-nei 的信息，但是要获取 b-nei 的信息($1<b$)，就需要通过 a-nei 间接获得($b>a\geqslant 1$)。ID 表示两个相邻个体间进行交互，IID 表示两个不相邻个体之间进行交互。在交互过程中，个体拥有的本体信息可以共享给其他个体。在解决问题时，信息的种类和内容很多，因此交互时需要对这些信息进行判断和选择。选取有用的信息与邻居进行交互，可以提高邻居交互间信息的质量。

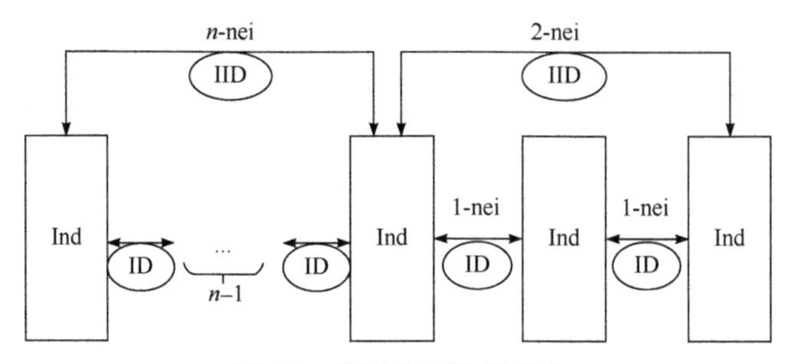

图 6.2　邻居交互模式图[15]

我们可以通过状态-动作描述个体的信息交互过程。一个状态是描述个体在特定时间内获取所有与预期决策过程有关的信息。在众智网络中，每个个体都有相同的有限状态集 $S=\{s_1,s_2,\cdots,s_N\}$，也就是说任何个体都可以通过有限步转换成每一个状态。每个个体都遵守转换的规则，因此在短时间内，个体在当前状态转换时只有相对较少的状态是可以直接转换的。为了简化，假设个体可以通过一步从状态 s 转换为 s'，这样我们就可以关注状态的变化，而不是执行的具体动作。每个个体都可以获得本地信息，并与邻居进行学习。在转化为邻居拥有的状态时，通过计算众智网络中共享的信息量，选择最优的邻居进行交互，个体之间的交互对于解决众智水平十分重要。

2. 共享信息量化准则

在众智网络中，每个个体都拥有属于自己的本体信息。拥有的信息越多，该智能体的行为就越确定[16]。如何将整体网络的智能水平提高，将个体拥有的信息价值发挥到最大是我们一直研究的问题。正如社会不同层次、不同部门信息系统间，信息和信息产品的交流与共用就是把信息与其他人共同分享，以便更加合理地达到资源配置，节约社会成本，创造更多财富的目的。因此，在提高众智网络智能水平时，我们可以从整个网络信息共享的角度出发，利用已有的信息提高其智能水平，将每个个体的价值发挥到最大。

众智网络中有三个基本要素，即环境、个体和个体行为规则[17,18]。所有的智能体都在特定的环境中按照规则完成任务，复杂的集体行为由个体之间的相互作用产生。智能体获取本地的信息，并与它的邻居或网络的全体成员进行信息交互。这时可以选择策略转化规则、行为等信息与邻居共享，或在网络中共享，以便提高整个网络的智能水平。

在进行信息共享时，为了提高效益，最大限度地共享，我们需要分析智能体在共享信息时的选择(是否共享)、共享的对象，以及共享信息的价值。这里使用信息量的概念。信息量指智能体在对共享信息行为做出选择，并对其共享的各类信息赋予权重，对共享的范围做出选择后的计算所得，即

$$I_s = \sum_{i=0}^{N}\sum_{j=0}^{M_i} R_{ij} W_{ij} F_{ij} \tag{6.1}$$

其中，R_{ij} 为第 i 个智能主体的第 j 类可交换和共享的信息的范围，$R_{ij}=N$(全局共享)或 k(局部共享)；W_{ij} 为第 i 个智能主体的第 j 类可交换和共享的信息的权重；$F_{ij}=1$(第 i 个智能主体交换和共享第 j 类信息)或 0(第 i 个智能主体不交换和共享第 j 类信息)。

在智能体间进行信息交互时，需要选择合适的交互对象。所谓合适的交互对象指寻找能使众智网络智能水平有所提高的邻居智能体来进行信息交互。信息的质量对于特定的个体有好有坏，智能体 y 的信息对 x 可能是有用的，对 z 也可能是有用的。有的智能体的不同信息类别对不同的智能体可能有不同的用处，例如第 j、k 类信息对智能体 a 是有用的，但对 b 而言则无用或产生负效果。同时，第 j 类与第 k 类对智能体 a 的重要程度不同，对于重要程度越高的信息种类，我们将赋予越高的权重。因此，在进行选择时，我们可以将整个网络的共享信息量作为标准，以求达到相对较好的结果。

3. Q 学习简介

Q 学习是一种强化学习方法[19-21]，可以将状态映射到动作。Q 学习的目标是达到目标状态，并获取最高收益，一旦到达目标状态，最终的收益保持不变。因此，目标状态又称吸收态。Q 学习算法下的智能体不知道整体的环境，但是知道当前状态下可以选择哪些动作。通常，我们需要构建一个即时奖励矩阵 R，用于表示从状态 s 到下一个状态 s' 的动作奖励值。由即时奖励矩阵 R 计算得出指导智

能体行动的 Q 矩阵。假设每个智能体有一组有限的动作集 $A=\{a_1,a_2,\cdots,a_N\}$ ，并且 $S=\{s_1,s_2,\cdots,s_N\}$ 是一个有限的状态集，状态 s 做了动作 a 后转换成状态 s'的概率记作 $T(s,a,s')$ ，从状态 s 到状态 s' 获得的奖励记作 $R(s)$ 。T 和 R 是由众智网络的环境决定的。学习任务就是每一次状态转换时寻找一个最优策略π选择一个动作 a 获得最大预期的未来奖励。V 的值表示策略的好坏，是学习过程中累积获得的预期未来奖励[15]，一般是折扣的期望奖励。由于折扣的奖励获得的回报比期望值少，我们设置一个折扣因子 $\gamma\in[0,1)$，状态 s 获得的奖励可记为

$$V_{\gamma}^{\pi}(s)=E\left(\sum_{t=0}^{\infty}\gamma^{t}R(s_{t+1})\middle|s_0=s\right) \tag{6.2}$$

其中，γ 可以确保返回的奖励是有限的，并且决定预期未来奖励的相关性。

智能体会在学习过程中执行策略π选择的动作 a，获得奖励 R。在每一次状态转换时可以迭代的计算更新当前的 V，更新公式为

$$V_{t+1}^{\pi}(s)=R(s)+\gamma\sum_{s'\in S}T(s,\pi(s),s')V_{t}^{\pi}(s') \tag{6.3}$$

我们的目标是找到最优的策略，即能够得到最多奖励的策略。最优策略 $\pi^{*}(s)$ 即对于任意 $s\in S$ ，任意一个策略π，都满足 $V^{\pi^*}(s)>V^{\pi}(s)$ 。当环境模型未知时，可以使用强化学习直接将状态映射到动作。Q 学习是免模型时序差分学习的著名例子。状态动作对 Q 值的更新公式为

$$Q(s,a)\to(1-\alpha)Q(s,a)+\alpha\left(r+\gamma\max_{a'}Q(s',a')\right) \tag{6.4}$$

其中，α 为学习率；γ 为折扣率。

6.2.2　信息共享机制

本节介绍众智网络中的一种优化信息共享(optimizing information sharing，OIS) 模型[14]。这个模型主要是将共享信息与强化学习中的 Q 学习相结合，以优化网络中的信息交互模式。每一次选择哪个邻居智能体进行交互，需要根据 Q 学习模型来确定，并通过遍历整个网络获得最优交互，预计评估学习过程的累积性能，分析网络的智能水平。

1. OIS 模型介绍

假设个体在一个无序的有限且可计算的环境中进行状态的转换，在每步转化时从有限的状态中选择一个状态。在时间 t，某一个个体被记为环境中的状态，当 $s^{t}(s\in S)$ 变成另一个状态 s' 时会立即得到奖励 $R_t(s,s')$ ，其中 s' 表示由状态 s 可以达到的状态。根据策略π，实现状态转移到其邻居的状态表示为 s^{t+1} ，我们要找出

一个最优的策略π^*获得最大的奖励。通过策略π，预期折扣奖励记为

$$V_{t+1}^{\pi}(s^t) = r_s^t + \gamma \sum_{S_{x\text{-nei}}} T(s,\pi(s),s')V_t^{\pi}(S_{x\text{-nei}}) \tag{6.5}$$

其中，x-nei 为个体进行信息交互的范围，x 为选取的范围大小，是一个可以控制的变量，决定众智网络中信息交互的强度；$T(s,\pi(s),s')$ 为个体进行状态转换时的概率。

在 OIS 模型中，个体交互的共享信息量越大，交互后获取的奖励越大。因此，在选取交互个体时，会偏向于选取共享信息量大的个体。在求解最大奖励时，基于该假设，使用共享信息量比值表示状态转换概率，以确定和哪一个个体进行交互才可以使获得的奖励最大。在 OIS 模型中，使用个体 h 与交互范围内每个个体 $i \in \text{nei}(h)$ 在时间 t 下的共享信息量 I_s^t 和个体 h 与交互范围内所有个体的共享信息量总和 $\sum_{i\in\text{nei}(h)} I_s^t(i)$ 的比值作为计算预期折扣奖励时转换的概率，即

$$\max(I_s^t) = \max\left\{\frac{I_s^t}{\sum_{i\in\text{nei}(h)} I_s^t(i)}\right\} \tag{6.6}$$

OIS 模型的最终目标是寻找最优的个体交互策略π^*，获得最大的奖励。通过式(6.6)可以获取计算预期折扣奖励时转换的概率 T，因此在计算预期折扣奖励时，通过策略π^*获取的预期折扣奖励为

$$Q_{t+1}^{\pi}(s^t) = r_s^t + \gamma \sum_{S_{x\text{-nei}}} \max(I_t)V_t^{\pi}(S_{x\text{-nei}}) \tag{6.7}$$

2. OIS 模型算法实现

OIS 优化共享信息模型算法如下(算法 6.1)[14]。

算法 6.1　OIS 优化共享信息模型算法

输入： $\alpha, \lambda, R(S), I_s(S)$
输出： $Q(S)$

1. 初始化所有 $Q(s)$；
2. 迭代：
   将所有个体放入工作域；
   针对每个个体循环操作；
      随机为个体初始化；
      $i=1$；
      循环操作：
         立即获得当前状态的奖励 r，观察 x-nei 邻居的状态 $S_{x\text{-nei}}$；

$Q(S) \leftarrow Q(S) + \alpha\left(r + \gamma \max_{S_{x\text{-nei}}} Q(S_{x\text{-nei}}) - Q(S)\right)$；

$S \leftarrow S_{x\text{-nei}}$

$\mathrm{Ind} \leftarrow \mathrm{Ind}(S_{x\text{-nei}})$；

$i \leftarrow i+1$；

直至 $i = R+1$；

直至每个个体都计算；

直至迭代次数结束。

6.2.3 走迷宫场景分析

走迷宫场景可以应用 Q 学习算法，不断探索学习从迷宫入口走到出口的路径，最终获取最优路线。一个简单的迷宫模型示意图如图 6.3 所示，可以选择 0 或 2 作为迷宫入口，5 作为迷宫出口，寻找每个入口下最优的路线。同时，我们也可以把迷宫看做众智网络的一个局部网络。迷宫内的每个房间可以表示为网络中的节点，称为智能体。迷宫的出口可以认为是这个局部网络向外共享信息的出口，迷宫内房间的进出可以表示为智能体不同的动作选择，并对应获取不同的奖赏。在做动作选择时根据智能体拥有的信息，选取信息多的智能体获取的奖赏会比较大。目标是寻找入口到出口的最优路线，也可以表示为寻找这个局部网络内信息共享的最优模式，使局部网络向外共享的信息量最大。为更贴合信息共享研究点，我们将简单的迷宫模型看做一个局部网络进行分析，寻找局部网络内信息共享的最优模式，并且仅对这方面相对简单的形式进行分析，取 $x=1$ (仅考虑邻居间进行信息交互)、$\alpha=1$、$\gamma=0.8$ 进行定性分析。如图 6.3 所示，一个局部网络中有 5 个智能体，设定共享的信息量越大，获得的奖励越大($I_s<0, r=-1; I_s=0, r=0; I_s>0, r \propto I_s$)。假设 I_s 已经通过式(6.1)计算得到，用 0～4 表示 5 个智能体，5 表示局部网络向外传递信息的对象。每一个个体代表一种状态。个体间连接表示智能体间信息共享量 $I_s \geqslant 0$，获得的奖励 $r \geqslant 0$。

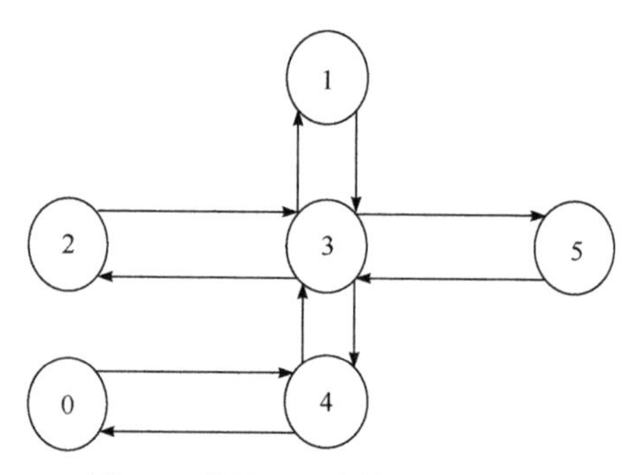

图 6.3　简单的迷宫模型示意图[14]

根据模型进行定性分析，初始化 Q 矩阵为 0，初始化 R 矩阵为

$$\begin{bmatrix} -1 & -1 & -1 & -1 & 10 & -1 \\ -1 & -1 & -1 & 30 & -1 & 100 \\ -1 & -1 & -1 & 30 & -1 & -1 \\ -1 & 40 & 30 & -1 & 50 & -1 \\ 0 & -1 & -1 & 10 & -1 & 100 \\ -1 & 10 & -1 & -1 & 10 & -1 \end{bmatrix}$$

观察 R 矩阵的第二行(状态 1)，存在两个可能的动作，即到达状态 3 或者到达状态 5。假设初始是从智能体 1 开始信息共享，即初始状态为 1，到达目标状态 5。根据式(6.4)，$Q(1,\ 5)=R(1,\ 5)+0.8\max\left[Q(5,\ 1),Q(5,\ 4)\right]=100+0.8\times 0=100$，更新 Q 矩阵。按照相同的算法对不同初始化状态进行多次训练，直到 Q 矩阵达到收敛状态。根据最终得出的标准化结果，Q 矩阵为

$$\begin{bmatrix} 0 & 0 & 0 & 0 & 83 & 0 \\ 0 & 0 & 0 & 87 & 0 & 100 \\ 0 & 0 & 0 & 87 & 0 & 0 \\ 0 & 93 & 79 & 0 & 96 & 0 \\ 66 & 0 & 0 & 80 & 0 & 100 \\ 0 & 83 & 0 & 0 & 83 & 0 \end{bmatrix}$$

若初始从智能体 2 开始交互，可以得到这样的一条最优路径(策略 π)：2→3→4→5；若初始从智能体 0 开始，可以得到这样的一条最优路径(策略 π)：0→4→5。由结果分析可以得出，在进行路径选择时，优先选取共享信息量的智能体进行交互，可以使最终网络的智能水平相对高些。

若初始化 R 矩阵为

$$R=\begin{bmatrix} -1 & -1 & -1 & -1 & 40 & -1 \\ -1 & -1 & -1 & -1 & 40 & -1 \\ -1 & -1 & -1 & 30 & -1 & 100 \\ -1 & -1 & -1 & 30 & -1 & -1 \\ -1 & 40 & 30 & -1 & 80 & -1 \\ 20 & -1 & -1 & 10 & -1 & 100 \\ -1 & 60 & -1 & -1 & 10 & -1 \end{bmatrix}$$

同样，根据上面的算法有结果有 Q=[0 0 0 0 89 0; 0 0 0 86 0 100; 0 0 0 86 0 0; 0 89 76 0 99 0; 76 0 0 82 0 100; 0 94 0 0 82 0]，也可以根据 Q 矩阵和 R 矩阵，得出智能体间的信息交互路径。若初始从智能体 3 开始信息交互，最后可以得到这

样的一条最优路径(策略π)，即 3→4→5。根据我们实验的一些实例，针对同一个智能体与其他个体进行信息共享，共享信息量相对大的，对应的 Q 值也相对大些。但其他情况并不能保证一定符合。初步猜想，可以将强化学习与共享信息量结合起来，训练众智网络的智能水平相对高些。前面提出的优化算法存在一定的可行性。

6.3　众智网络与自适应优化

本节介绍一种自适应信息共享优化方法，可以探索出适合于多种多智能体网络的最优信息共享模式，使网络完成任务的效率最高。该方法能够适应目标网络的动态变化，从而达到自适应地获取不同网络和任务下最优信息共享模式的目标。为了明确地描述信息共享与网络性能之间的相关性，引入一组可以描述这种相关性的因素(网络的拓扑结构、智能体拥有的资源和信息的需求程度)。通过量化这些因素之间的相关性，文献[15]提出一种自适应信息共享优化的方法。

6.3.1　共享信息影响因素

1. 众智网络拓扑结构

在众智网络中，很难直接确定智能体信息的最佳共享范围。根据信息的内容和范围，以及网络的拓扑结构，智能体选择是在整个网络中共享信息(图 6.2 中的 n-nei 交互模式)，并且仅在邻域中共享。在确定这一条件时，需要考虑网络结构能否实现全局共享，智能体拥有的资源能否实现全局共享。

稀疏网络和局部密集网络的示例图如图 6.4 所示。在图 6.4(b)中，一个网络被分成若干个子网络，在这种情况下很难实现全局共享。对于更规则的网络，如图 6.4(a)所示，在考虑资源的同时选择全局或本地共享。根据图 6.2 中的 x-nei($1 \leqslant x < n$)

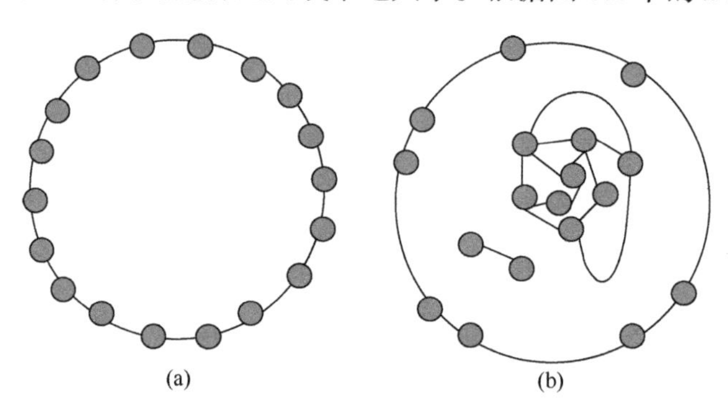

图 6.4　稀疏网络和局部密集网络的示例图[15]

交互模式，综合考虑成本、收益和资源，可以获得最优的性能。当某一信息与邻居共享时，邻居拥有的信息会发生变化。智能体在与邻居共享信息时，需要同时考虑接收的共享信息和原始信息，从而实现智能体所拥有信息的动态变化。

2. 智能体拥有的资源

智能体拥有的资源是有限的，在共享信息时，需要一定的资源。因此，当智能体共享信息时，需要在有限资源下进行。一旦超过限定资源，智能体间就不能共享信息。在信息共享过程中，需要分析信息所需的资源和智能体拥有的资源总量。令 TS_i 指智能体 i 的资源总量，S_i 指智能体 i 与邻居共享信息所需的资源，具体地说，智能体 i 与邻居 k 共享信息 j 所需的资源是 S_{ijk}，$j \in M_i, k \in \mathrm{Nei}(i)$，满足下式，即

$$\mathrm{Sum}(S_i X_i) \leqslant \mathrm{TS}_i \tag{6.8}$$

3. 信息需求程度

智能体有自己的信息，不同的智能体可能包含不同类型的信息。假设有智能体 a 和 b，其中 a 包含两种信息，即 x_1 和 x_2。智能体 a 可以将这两种信息共享给 b，其中 x_1 对主体 b 完成任务 t_1 有用，x_2 无用。b 完成任务 t_2 时，x_2 是有用的，但 x_1 是无用的。当 b 完成任务 t_3 时，x_1 和 x_2 都很有用，x_2 更有用。在信息共享的过程中，b 在不考虑任何条件的情况下平等地接收 a 中的信息。因此，当完成任务 t_1 时，共享信息 x_2 将是无用的，这将导致不必要的操作和资源浪费。类似地，当 b 完成任务 t_2 时，x_1 的共享也是不必要的。当任务 t_3 完成时，b 可能优先考虑接收更有用的信息。对于不同的任务，不同的智能体对信息的需求不同。对于一个任务，当智能体共享信息时，可以考虑其他智能体对信息的需求程度。信息需求 ID 的程度越高，共享信息后获取的奖励 R 越大。假设这两个因子满足的多项式关系为

$$R_{ijk} = \alpha \mathrm{ID}_{ijk}^{3} + \beta \tag{6.9}$$

其中，α 和 β 为多项式系数。

6.3.2　自适应信息共享优化方法

本节介绍一种自适应信息共享优化方法。该方法是一种数据驱动的方法，可以根据网络对历史任务的表现和网络的特点探索信息共享模式，因此该方法能够适应目标网络的动态变化(传入任务的变化、网络特性的变化)。通过确定相邻智能体间进行共享的信息种类和数目，可以间接实现智能体在整个网络中的信息共

享，确定整个网络的共享范围，进而获取信息共享模式。该方法能够适应目标网络的动态变化，如网络需要完成的任务发生变化(例如，针对供应链中不同网络拓扑和任务的最优信息共享模式，表 6.1 中的两个任务都可以有效确定网络的最优信息共享模式)，或是网络结构发生变化(例如，图 6.6 和图 6.8 中不同的网络结构都可以有效地确定网络的最优信息共享模式)，从而达到自适应获取不同网络和任务下最优信息共享模式的目标。

1. 自适应信息共享优化方法

基于任务 t 的自适应信息共享优化算法主要分为局部优化和全局优化两个阶段，可以使用效益成本比(benefit cost ratio，ECR)和奖励作为优化标准。奖励是邻居之间共享信息的总奖励，即 $\text{Reward}_i = \text{Sum}(R_i X_i)$，是智能体 i 及其邻居共享信息的总奖励。

第一阶段是局部优化。对于输入的 TS_i、M_i、ID_i、S_i、$\text{Nei}(i)$和 X_i，根据任务的特点选择合适的优化算法，可以得到智能体 i 的最优信息共享模式 X_i，目标是 $\max(\text{Reward}_i) = \max(\text{Sum}(R_i X_i))$。如果 $\text{Reward}_i > 0, \text{Sum}(R_i X_i) \leqslant \text{TS}_i, \text{EC}_i > 1$，那么可以确定 X_i。

第二阶段是全局优化。通过每个智能体 i 的 Reward_i 和 EC_i，计算 $\text{IV}(t)$。利用优化算法调整各智能体的信息共享模式，迭代实现 $\max(\text{IV}(t))$，进而得到整个多智能体网络的最优信息共享模式。

下面对自适应信息共享优化算法的每一阶段进行详细介绍。

第一阶段是选择合适的优化算法，寻找其邻域之间的最优信息共享模式(每个智能体所拥有的信息是动态变化的，信息共享也是动态变化的)。在获得最优信息共享模式时，主要考虑 Reward_i。如果 $\text{Reward}_i>0$，那么计算 EC_i，并在 $\text{EC}_i > 1$ 时求 Reward_i 的最大值，进而得到智能体 i 的最优信息共享模式。

优化算法的输入为 TS_i、M_i、ID_i、S_i、$\text{Nei}(i)$和 X_i。其中，TS_i 指智能体 i 的资源总量；M_i 指智能体 i 的信息总量；ID_i 指智能体 i 的邻居对其拥有信息的需求程度，具体来说，智能体 i 的邻居 k 对信息 j 的需求是 ID_{ijk}；S_i 指 i 与邻居实现信息共享所需的资源，具体来说，i 与邻居 k 共享信息 j 所需的资源是 S_{ijk}；$\text{Nei}(i)$指 i 的邻居；X_i 代表智能体 i 的信息共享模式，X_{ijk} 为 0 或 1(1 表示与邻居 k 共享的智能体信息 j，0 表示不共享)。这里，TS_i 是一个数，M_i、ID_i、S_i、$\text{Nei}(i)$、X_i 都是大小分别为 $1\times M$、$M\times P$、$M\times P$、$1\times P$、$M\times P$ 的矩阵，其中 M 表示智能体 i 拥有的信息数，P 表示智能体 i 的邻居数。目标函数是在满足约束的条件下使奖励最大，即

$$\begin{aligned} \text{Reward}_i &= \max(\text{Sum}(R_i X_i)) \\ \text{s.t.}\ \ \text{Sum}(S_i X_i) &\leqslant \text{TS}_i \end{aligned} \tag{6.10}$$

其中，R_i 为矩阵，大小为 $M\times P$，表示与邻居共享信息后对智能体 i 的奖励，与邻居 k 共享信息 j 的奖励为 R_{ijk}($R_{ijk}=\alpha \text{ID}_{ijk}^3+\beta$)；Reward_i 为邻居之间共享信息的总奖励，当 $\text{Reward}_i>0$ 时，共享信息是有意义的。

如果 $\text{EC}_i>1$，当 Reward_i 为最大值时，X_i 为所需的信息共享模式，即

$$\text{EC}_i=\frac{\dfrac{E_s-E}{E}}{\dfrac{C_s-C}{C}}=\frac{(E_s-E)C}{(C_s-C)E} \tag{6.11}$$

其中，C_s 和 E_s 为共享信息条件下的成本和效益；C 和 E 不共享信息条件下的成本和效益(成本和效益需要根据实际情况确定)；EC_i 评估提高效益和增加成本的相对程度，当 $\text{EC}_i>1$(效益相对高于成本)时，才能选择共享信息，否则不共享信息。

第二阶段是利用优化算法调整各智能体的信息共享模式，同时考虑奖励和效益成本比。对于每一个智能体 i，使 Reward_i 和 EC_i 处于平衡状态，迭代直至得到与当前任务相对应的整个网络的 OIS 模式。

然后，利用优化算法对整个网络的信息共享模式进行优化。考虑各智能体的效益提高相对于成本的增加幅度较大，信息共享的奖励也相对较大。为避免 EC_i 和 Reward_i 过大而引起计算麻烦，可使用 ln 函数进行标准化处理。在任务 t 下，目标函数为

$$\begin{aligned} \text{IV}(t) &= \sum_{i=1}^{N}(\ln(\text{Reward}_i)+\ln(\text{EC}_i))\theta(\text{Reward}_i)\theta(\text{EC}_i-1) \\ &\text{s.t.}\ \ \text{EC}_i>1, \text{Reward}_i>0 \end{aligned} \tag{6.12}$$

其中，N 为网络中智能体的数量；$\text{IV}(t)$为任务 t 下整个网络信息共享模式效率的评估，目标是找到 $\text{IV}(t)$的最大值；θ 为权重函数，即

$$\theta(x)=\begin{cases}1, & x>0 \\ 0, & x\leqslant 0\end{cases} \tag{6.13}$$

Reward_i 可以根据以下规则确定，即

$$\theta(\text{Reward}_i)=\begin{cases}0, & \text{Reward}_i\leqslant 0 \\ 1, & \text{Reward}_i>0\end{cases} \tag{6.14}$$

EC_i可以根据以下规则确定，即

$$\theta(\mathrm{EC}_i - 1) = \begin{cases} 1, & \mathrm{EC}_i > 1 \\ 0, & \mathrm{EC}_i \leqslant 1 \end{cases} \tag{6.15}$$

2. 算法实现

自适应信息共享优化方法如下(算法 6.2)[15]。

算法 6.2 自适应信息共享优化方法

```
输入：任务 t, 网络拓扑结构 TL, 信息需求程度 ID, 智能体拥有的资源总量 TS, 共享信息时需要的资源 S, 智
      能体拥有的信息 M
输出：最优信息共享模式 X, 共享信息量 IV(t)
初始化 X, X_ijk=0;
while(IV(t)不是最大) do
  for i=1,2,…,N do
  从 TL 中获取 Nei(i);
    for j=1,2,…,M do
     for k=1,2,…,P do
        R_ijk = αID^3_ijk + β ;
     end
    end
  将 TS_i, M_i, R_i, S_i, Nei(i), X_i 输入算法，获取最优的 X_i
 Reward_i = max(Sum(R_i X_i))  s.t.  Sum(S_i X_i) ≤ TS_i ;
    if  Reward_i > 0 then
        EC_i = (E_s − E)C / ((C_s − C)E)
    end
    if  EC_i ≤ 1  then
        调整 X_i
    end
  根据 X_i 调整 M, S
end
将 Reward_1,…,Reward_N,EC_1,…,EC_N 输入，获取最大的 IV(t)
        IV(t) = Σ_{i=1}^{N} (ln(Reward_i) + ln(EC_i))θ(Reward_i)θ(EC_i − 1) ;
 if (IV(t)是否最大) then
    返回 X,IV(t)
 else
    调整智能体信息共享模式
 end
end
```

6.3.3 供应链场景分析

在供应链场景中，供应链成员一般包含客户、零售商、分销商、制造商、运输商等角色的几种。针对供应链场景的研究，大多关注供应链的管理，通过供应

链成员之间的有效信息共享，进而提高供应链的效率。在实际操作中，供应链成员之间的协调与协作主要体现在信息共享上[22-24]。显然，由于组织障碍的存在和自身利益的需要，有效的信息共享并不容易实现。在这种情况下，共享信息价值的量化将极大地促进供应链成员之间的协调。信息共享可以带来的收益包括促进供应链成员对信息基础设施的投资，提高供应链成员的信息化水平，促进供应链成员之间的集成。这里显示实现我们方法的两个简单供应链。通用的供应链结构和简单的供应链结构，如图 6.5 和图 6.6 所示。

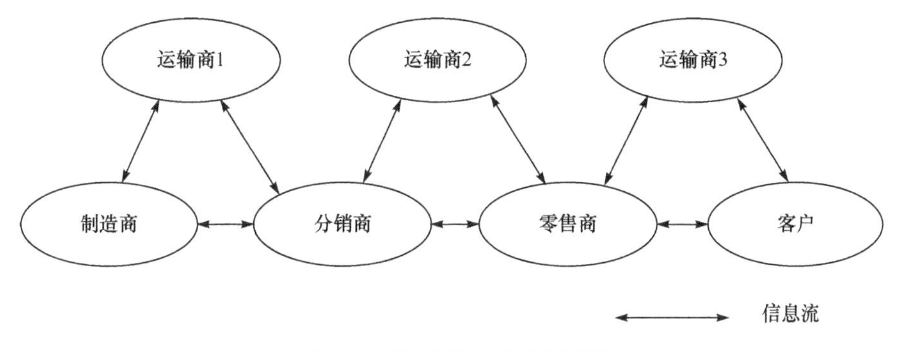

图 6.5　通用的供应链结构图[15]

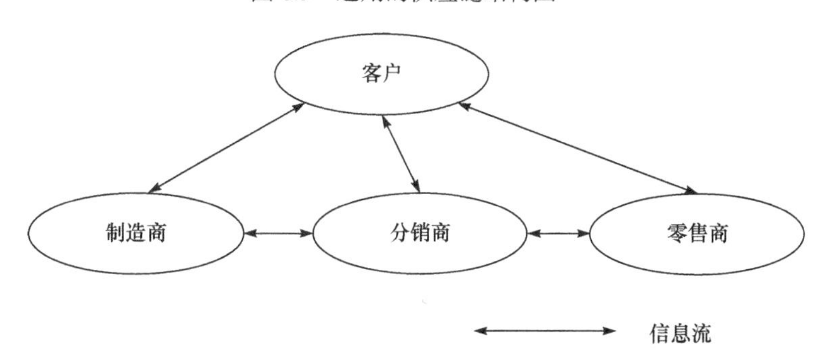

图 6.6　简单的供应链结构图[15]

根据图 6.5，对于任务 t_1= “零售商零售产品获得净收入”，使用 1～7(N=7)分别代表客户、零售商、分销商、制造商、运输商 1、运输商 2、运输商 3。通过对实际情况的初步分析，可以知道运输者拥有的信息对任务 t_1 不是很有用。客户的消费、分销商对产品的存储和定价，对于任务 t_1 非常有用。制造商的制造能力对任务 t_1 没有直接影响。自适应信息共享优化方法的输入为 TS=(10, 10, 16, 10, 10, 10, 10)，M={(“产品消费情况”,“产品可接受的最高价格”), (“产品购买情况”,“产品的定价”), (“产品的储存”,“产品的价格”)，“产品生产量”,“运输商 1 运输产品的情况”,“运输商 2 运输产品的情况”,“运输商 3 运输产品的情况” }。由图 6.5 可知，

Nei={(2,7),(1,3,6,7),(2,4,5,6),(3,5),(3,4),(2,3),(1,2)};ID={(2,0;1.5,0),(0.5,0.5,0,0;0.1,0.2,0,0),(3,0.5,0,0;2,0.5,0,0),(0.5,0),(0,0),(0,0),(0,0)};S={(2,2;2,2),(2,2,2,2;2,2,2,2),(2,2,2,2;2,2,2,2),(2,2),(2,2),(2,2), (2,2)}。假设 α=1、β=0，根据 $R_{ijk}=1\times \mathrm{ID}_{ijk}^{3}+0$，分享信息的初始报酬为 R={(8,0;6.25,0), (0.125,0.125,0,0;0.001, 0.008,0,0), (27,0.125,0,0;8,0.125,0,0), (0.125,0),(0,0), (0,0), (0,0)}。假设在实例分析中用资源奖励率表示成本效益比，即 $\mathrm{EC}_i=\dfrac{\mathrm{Sum}(R_iX_i)}{\mathrm{Sum}(S_iX_i)}$，这在实际应用中需要详细计算。由于实例比较简单，可以分析不同的情况，因此选择暴力枚举的方法可以获得智能体的最优信息共享模式。

第一阶段，对智能体 1 利用优化算法得到 X_1=(1,0;1,0)，根据式(6.10)可得 $\dfrac{\mathrm{Sum}(R_iX_i)}{\mathrm{Reward}_1}$=$\mathrm{Sum}(E_1X_1)=14.25$、$\mathrm{EC}_1$=3.5625、$X_1$=(1,0;1,0)，同时调整 M、ID、S。M_2=(“产品的购买”, “产品的定价”, “产品的消费量”, “客户对产品的最高可接受价格”)，S_2=(2,2,2,2;2,2,2,2;2,2,2,2;2,2,2,2)。同样，EC_2<1, Reward_2=0; Reward_3=35.25, EC_3=4.40625, X_3=(1,1,0,0;1,1,0,0); $\mathrm{Reward}_4=\mathrm{Reward}_5=\mathrm{Reward}_6=\mathrm{Reward}_7=0$。

第二阶段，将 $\mathrm{Reward}_1,\cdots,\mathrm{Reward}_7$ 和 $\mathrm{EC}_1,\cdots,\mathrm{EC}_7$ 代入式(6.12)，IV(t_1)=8.9550，利用优化算法对智能体的信息共享模式进行优化和调整。

自适应信息共享优化方法的输出是在最优信息共享模式下，IV(t_2)=9.6339、$X_{111}=X_{121}=X_{311}=X_{321}=1$，其余 X 为 0。最优的信息共享模式是，客户向零售商共享“产品消费情况”和“产品可接受的最高价格”信息，分销商向零售商共享“产品的存储”和“产品的价格”信息。零售商、制造商、运输商 1、运输商 2、运输商 3 不共享信息。最后，零售商拥有这些信息，即“产品购买情况”、“产品的定价”、“产品消费情况”、“客户可以接受的最高产品价格”、“产品的储存”和“产品的价格”。零售商根据客户的消费情况和最高可接受价格，以及分销商对产品的储备和定价，确定产品的购买数量和销售价格。因此，该产品的零售净收入最高，即任务 t_1 的效益最大。

为了证明自适应信息共享优化方法在不同任务和网络拓扑结构上的自适应性，同时将该方法应用在另一个简单的供应链结构图，如图 6.6 所示。针对图 6.5 和图 6.6 所示的两种拓扑结构，分别实现两个任务，即 t_2= “分销商存储产品量和价格” 和 t_3= “制造商生产产品”。使用 1～4 表示图中的客户、零售商、分销商、制造商。供应链中不同网络拓扑和任务的最优信息共享模式如表 6.1 所示。

表 6.1 供应链中不同网络拓扑和任务的最优信息共享模式[15]

不同的网络拓扑结构和任务	第一阶段	第二阶段优化后的信息共享模式
t_2= “分销商存储产品量和价格”。对于图 6.5 的网络结构，1～7 分别代表客户、零售商、分销商、制造商、运输商 1、运输商 2、运输商 3。TS=(10, 10, 16, 10, 10, 10, 10)；M={(“产品消费情况”, “产品可接受的最高价格”), (“产品购买情况”, “产品的定价”), (“产品的储存”, “产品的价格”), “产品生产量”, “运输商 1 运输产品的情况”,“运输商 2 运输产品的情况”, “运输商 3 运输产品的情况”};Nei={(2,7),(1,3,6,7),(2,4,5,6),(3,5),(3,4),(2,3),(1,2)};S={(2,2;2,2),(2,2,2,2;2,2,2,2),(2,2,2,2;2,2,2,2),(2,2),(2,2),(2,2),(2,2)};ID={(2,0;1.5,0),(0.5,0.5,0,0;0.1,0.2,0,0),(3,0.5,0,0;2,0.5,0,0),(0.5,0),(0,0),(0,0),(0,0)};α=1、β=0	X_1=(1,0;1,0) ID={(0.4,0;0.2,0),(0.4,2.5,0,0;0.2,2.5,0,0;0,2.5,0,0;0,2.5,0,0),(0.4,0.5,0,0;0.5,0.5,0,0),(2.5,0), (0,0), (0,0), (0,0)} X_2=(1,1,0,0;0,1,0,0;0,1,0,0;0,1,0,0) X_4=(1,0)	X_{111}=X_{121}=X_{212}=X_{222}=X_{232}=X_{242}=X_{411}=1，其余为 0。客户向零售商分享“产品消费量”和“产品可接受的最高价格”信息，零售商向分销商分享“产品购买情况”、“产品的定价”、“产品的消费”、“客户可接受的最高产品价格”等信息，制造商向分销商分享“产品生产量”信息。分销商、运输商 1、运输商 2、运输商 3 不共享信息
t_3=“制造商生产产品”。对于图 6.5 的网络结构，ID={(1.5,0;0.5,0),(0.5,0.5,0,0;0.1,0.2,0,0),(0.5,3,0,0;0.5,0.5,0,0),(0.5,0),(0,0),(0,0),(0,0)};TS、M、Nei、S、α、β 不变	X_1=(1,0;0,0) ID={(0.4,0;0.2,0),(0.5,0.5,0,0;0.1,0.2,0,0;0,1.5,0,0),(0.5,3,0,0;0.5,0.5,0,0),(0.5,0), (0,0), (0,0), (0,0)} X_2=(0,0,0,0;0,0,0,0;0,1,0,0) ID={(0.4,0;0.2,0),(0.5,0.5,0,0;0.1,0.2,0,0;0,0.5,0,0),(0.5,3,0,0;0.5,0.5,0,0;0,3,0,0),(0.5,0), (0,0), (0,0), (0,0)} X_3=(1,1,0,0;1,1,0,0;0,1,0,0)	X_{111}=X_{232}=X_{312}=X_{332}=1，其余为 0。客户向零售商分享“产品消费情况”信息，零售商向分销商分享“产品消费情况”信息，分销商将“产品的储存”和“产品消费情况”信息共享给制造商。制造商、运输商 1、运输商 2、运输商 3 不共享信息
t_2= “分销商存储产品量和价格”，对于图 6.6 的网络结构，1～4 分别代表客户、零售商、分销商、制造商；TS= (8, 10, 15, 10)；M_2=(“产品的购买”, “产品的定价”, “产品的消费量”, “客户对产品的最高可接受价格”);Nei={(2,3,4),(1,3),(1,2,4),(1,3)};S={(2,2,2;2,2,2),(1.5,2;1.5,2),(2,2,3;2,2,3),(1,2)};ID={(1.2,3,1;1.2,3,1),(0,1.5;0,1.5),(0,0.5,0.5;0,0.5,0.5),(0,1.5)};α、β 不变	X_1=(1,1,0;1,1,0) ID={(0,0,0;0,0,0),(0,1.5;0,1.5;0,0;0,0),(0,0.5,0.5;0,0.5,0.5;0,0,0;0,0,0),(0,1.5;0,0;0,0)} X_2=(0,1;0,1;0,0;0,0) X_4=(0,1;0,0;0,0)	X_{112}=X_{122}=X_{212}=X_{222}=X_{412}=1，其余为 0。客户向分销商分享“产品消费情况”和“产品可接受的最高价格”信息，零售商向分销商分享“产品购买情况”和“产品定价”信息。制造商向分销商分享“产品生产量”信息。分销商不共享信息
t_3= “制造商生产产品”，对于图 6.6 的网络结构，TS=(6,12,6,8);ID={(0.8,1,3;0.5,0.8,1),(0,0.5;0,0.5),(0,0.5,3;0,0.5,0.5),(0,0.5)};M、Nei、S、α、β 不变	X_1=(0,1,1;0,0,1) ID={(0,0,0;0,0,0),(0,0.5;0,0.5),(0,0.5,3;0,0.5,0.5;0,0.5,0),(0,0.5;0,0;0,0.5)} X_3=(0,1,1;0,0,0;0,0,0)	X_{113}=X_{313}=1，其余为 0。客户向制造商分享“产品消费情况”信息，分销商将“产品的储存”信息共享给制造商。制造商和零售商不共享信息

6.4 本章小结

本章从信息共享和自适应优化两个方面对众智网络的信息互联机理进行介

绍。6.2 节对智能体交互模式和智能体间共享信息的量化概念，即共享信息量进行介绍，同时介绍 OIS 信息共享模型。6.3 节分析影响网络信息共享效率的因素，包括网络的拓扑结构、智能体拥有的资源和信息的需求程度三个因素，同时介绍自适应信息共享优化方法。该方法能够适应目标网络的动态变化，从而达到自适应地获取不同网络和任务下的最优信息共享模式的目标。

OIS 模型以共享信息量为主要参考标准，通过计算共享信息量确定最优的信息交互对象。每次计算选择与该智能体共享信息最多的智能体进行交互。在学习过程中，每个人只考虑与邻居共享的信息量。利用 Q 学习提高学习效果，通过计算折扣的累积期望奖励得到最优决策。QIS 模型将共享信息集成到 Q 学习中，包括两种信息交互模式。同时，OIS 模型学习众智网络中的多个智能体，得到网络中的最优信息交互模式。

自适应信息共享优化方法通过参考分配给众智网络的历史任务所需的信息，探索基于预定义复合目标函数的 OIS 模式。为了保证信息共享优化方法的通用性，该方法并不是针对特定的优化算法设计的，可以根据目标网络的复杂程度来选择启发式算法。同时，在不同的供应链结构上基于不同的任务进行分析，验证该方法的有效性。

参 考 文 献

[1] 蒋国俊, 蒋明新. 产业链理论及其稳定机制研究. 重庆大学学报(社会科学版), 2004, (1): 36-38.

[2] Ananta I, Callaghan V, Chin J, et al. Crowd intelligence in intelligent environments: a journey from complexity to collectivity// IEEE International Conference on Intelligent Environments, Washington, D.C., 2013: 621-627.

[3] Wang L, Gauthier V, Chen G, et al. Special issue on extracting crowd intelligence from pervasive and social big data. Journal of Ambient Intelligence and Humanized Computing, 2018, 9(6):1-2.

[4] 孙信昕. 众包环境下的任务分配技术研究. 扬州: 扬州大学, 2016.

[5] Conway L, Volz R A. Teleautonomous systems: Projecting and coordinating intelligent action at a distance. IEEE Transactions on Robotics & Automation, 1990, 6(2):146-158.

[6] Jansen N, Cubuktepe M, Topcu U. Synthesis of shared control protocols with provable safety and performance guarantees// American Control Conference, Seattle, 2017: 1866-1873.

[7] Brown D S, Jung S, Goodrich M A. Balancing human and inter-agent influences for shared control of bio-inspired collectives// IEEE International Conference on Systems, Man and Cybernetics, San Diego, 2014: 4123-4128.

[8] He X, Zhu Y, Hu K, et al. Information entropy and interaction optimization model based on swarm intelligence// International Conference on Natural Computation, Huangshan, 2006: 136-145.

[9] Aarestrup F M, Brown E W, Detter C, et al. Integrating genome-based informatics to modernize global disease monitoring, information sharing, and response. Emerging Infectious Diseases, 2012,

18(11): e1.

[10] Wu I L, Chuang C H, Hsu C H. Information sharing and collaborative behaviors in enabling supply chain performance: A social exchange perspective. International Journal of Production Economics, 2014, 148(2):122-132.

[11] Schloetzer J D. Process integration and information sharing in supply chains. The Accounting Review, 2012, 87(3): 1005-1032.

[12] Li Y, Zhan Z, Lin S, et al. Competitive and cooperative particle swarm optimization with information sharing mechanism for global optimization problems. Information Sciences, 2015, 293(1):370-382.

[13] Sharon S, Mohammed A. Transnational public sector knowledge networks: Knowledge and information sharing in a multi-dimensional context. Government Information Quarterly, 2012, 29(1):112-120.

[14] Wang X, Pan Z, Li Z, et al. Optimizing information sharing in crowd networks based on reinforcement learning// International Conference on Crowd Science and Engineering, Jinan, 2019: 6-11.

[15] Wang X, Pan Z, Li Z, et al. Adaptive information sharing approach for crowd networks based on two stage optimization. International Journal of Crowd Science, 2019, 3(3):284-302.

[16] Liu J, Wang S. The research on man-machine intelligent decision system based on agent technology. Systems Engineering-Theory & Practice, 2000,20(2):15-20.

[17] Wu B, Zheng Y, Fu W, et al. Customer behavior analysis algorithm based on swarm intelligence. Chinese Journal of Computers, 2003, 8:913-918.

[18] Chapman R, Soosay C, Kandampully J. Innovation in logistic services and the new business model: a conceptual framework. International Journal of Physical Distribution, Logistics Management, 2003, 33(7):630-650.

[19] 郭锐, 吴敏, 彭军, 等. 一种新的多智能体 Q 学习算法. 自动化学报, 2007, 33(4): 367-372.

[20] Littman M L. Reinforcement learning : A survey. Journal of Artificial Intelligence Research, 1996, 4:237-285.

[21] Gosavi A. Reinforcement learning: A tutorial survey and recent advances. INFORMS Journal on Computing, 2019, 21(2): 178-192.

[22] Eisert J, Plenio M B, Feito A, et al. Measurement Theory and Practice. London: Arnold, 2004.

[23] 刘三牙, 王红卫, 郭敏. 基于 Agent 的大型水利工程物资供应链建模与仿真. 系统仿真学报, 2002, (5): 656-660.

[24] Liu S, Wang H, Sun J. Quantifying value of information sharing in supply chain: Research by simulating based on agent. Journal of Systems Engineering, 2004, 360(25):2680.

第 7 章　众智的进化机理

7.1　概　　述

随着人工智能技术的蓬勃发展，智能技术已经渗透到许多领域。关于智能的研究被再次推到新的高度，而不再局限于计算科学。包括人类在内，任何含有智能的事物都可以视为具有智能的个体。这些个体相互影响、相互作用，进而形成一个众智系统。众智科学主要探索合理利用各种智能资源的途径，构建智能系统，挖掘智能交互在特定领域的潜力，最终提高效率。在众智科学的研究中，多个异构智能体在众智网络中互相联系、相互作用，因此会影响智能体智能的变化，使其发生进化或者退化。对众智进化机理的研究有助于我们确保众智的智能向着有利的方向进化，进而不断提升众智系统的智能程度。

进化一词来自生物学。达尔文认为，在原始部落的冲突中，智能高的部落容易取胜，因此高智能的基因也容易保留遗传下来。部落的社会生活密度和复杂性是促进智能进化的强大动力。基因文化协同进化论[1]指出，人类智能的诞生进化是生物进化和文化进步相互作用的结果，基因的改变迫使人类适应新的文化，新的文化又会加速基因的进化。群体智能是多个智能个体的集群表现，它是从许多个体的合作与竞争中涌现出来的。群体智能在细菌、动物、人类，以及计算机网络中形成，并以多种形式协商一致的决策模式出现。群体智能的研究被认为是一个属于社会学、商业、计算机科学、大众传媒和大众行为的分支学科，研究从夸克层次到细菌、植物、动物，以及人类社会群体行为的一个领域。

在群体智能的概念出现之前，大多数工作都是基于对单个智能体的智能衡量。随着人工智能的飞速发展，人工智能个体之间的协作使群体智能的优势越来越突出。单体智能的度量不再满足开发需求。交互结构不同的群体智能显然具有不同的智能程度。传统的群体智能研究主要包括智能蚁群算法和粒子群算法。智能蚁群算法主要包括蚁群优化算法[2]、蚁群聚类算法[3]和多机器人协同合作[4]系统。蚁群优化算法和粒子群优化算法[5]在求解实际问题时的应用最为广泛。在较为前沿的工作中，有关群体智能的研究[6]已经成为众智度量方法的基石。此外，智商测试[7]也进行了改进来衡量智能体的智能。相关工作[8]，如基于质量时间复杂度系统，研究了众智的度量方法。

随着时间的流逝，众智智能应该呈现出变化的状态。这种状态可能随着单个智能个体之间的合作而发展，也可能随着智能个体之间的竞争，甚至对抗而退化。例如，当量化两个相互竞争的智能个体时，量化值应等于具有大量智能的智能个体。这显然不利于群体智能的发展。特别地，在不知道它们之间协作关系的情况下，预测和发现具有异常协作模式的智能个体是一个挑战性的问题。

群体智能进化的概念依旧来自生物学。生物学对物种进化模型的阐述如下。

(1) 种群是生物进化的基本单元。

(2) 突变和重组是生物进化的根本。突变的基因是新基因产生的途径，是生物变异的根本来源，是生物进化的原动力。

(3) 自然选择决定生物进化的方向。生物进化的本质是基因频率的定向变化。只要种群的基因频率发生变化，生物就会进化。当生物进化时，种群的基因频率也会变化。

(4) 改变不同种群的基因频率，突破物种界限，形成生殖隔离，才能形成新物种。

(5) 生物进化的过程，实际上就是生物与生物、生物与无机环境共同进化的过程。

(6) 种群的形成是渐进的。隔离是新物种形成的必要条件。然而，物种的形成有时也可能是急速的，例如以染色体数目改变的方式形成新物种。

我们将生物进化引入众智进化中，智能个体的不断交互作用导致众智网络的变化，进而导致众智的智能进化。随着时间的推移，众智网络中的智能个体在空间位置、智能量、交互能力等方面可能发生变化。例如，相互连接的智能个体在空间的分布上应该更密集，智能个体在交互过程中也可能影响彼此的智能。这种智能随时间变化的过程称为众智的进化。

众智的进化是一个动态的过程。现有的进化算法，如差分进化算法[9]、粒子群算法[10]，以及遗传算法[11]都可以作为描述众智进化的数学工具。本章通过使用上述三种数学工具，描述众智进化的过程，搭建众智进化的模型，探究众智进化的应用前景。

7.2　众智的差分进化

我们将进化在生物学中的概念引入众智科学的智能进化中。其首要任务是建立智能群体之间的进化模型。在进化(或退化)的过程中，众智系统并不一定要遵循单调的贪婪策略来改变智能体的智能程度，有必要在众智系统中增加感知因素。最后的任务是在发展的早期阶段将智能个体聚集在一起。这可以更早地干预不利于合作关系的智能个体，并避免时间和算力的损失。

7.2.1 差分进化和 *K* 均值聚类

为了在已有知识的基础上更好地构建和改进众智进化模型，我们给出差分演化模型和 K 均值聚类的基本特征。

1. 差分进化

差分进化算法最早由 Storn 等[9]在 1997 年提出。其最初的想法是利用差分进化方法寻找切比雪夫多项式的最优解。结果表明，差分演化方法对于复杂优化问题也是非常有效的。差分进化算法是应用广泛的随机实参数优化算法，其计算步骤与标准进化算法相似[12]。与标准进化算法不同，差分进化算法包含变异的可能性。这种可能性会干扰当前种群成员的生成，随机选择不同的种群成员，而不是使用单独的概率分布产生后代。基于种群随机搜索技术的差分进化方法[13]用于求解连续空间中的优化问题，已广泛应用于许多科学和工程领域，如金融预测[14,15]、电力系统[16]、框架优化[17]和自动驾驶[18]。

差分演化模型需要具备以下基本要素和行为。

(1) 优化问题。优化问题一般是将实际问题抽象化，设计为有界函数。差分进化的目的是得到一组解，并找到优化问题的上(下)界。

(2) 范围。为了防止设计的优化问题在无限域内没有最大(小)值，同时在实际问题的有限范围内找到目标优化问题的最优解，需要设置范围。

(3) 生成。寻找优化问题的最优解是一个逐步逼近的过程，需要迭代完成。一个世代代表一组优化问题的值(变量)。一般来说，与上一世代相比，每个新世代都能使优化问题得到更好的解。然而，在实际问题的演化迭代过程中，每个个体都可能存在一些感性因素，使迭代不能总是在理想状态的增量状态下发展。

(4) 种群。从生物学中抽象出来的种群概念，原指同一物种在一定时间内占据一定空间的所有个体。在群体智能领域，种群设计的目的是模拟个体或另一种群之间的相互作用和相互学习，从而达到模拟进化的目的。群体内的变异和交叉，以及基于优化问题的选择驱动群体智能的进化。在差分进化过程中，处于世代 g 的种群 P 一般描述为

$$P^g = [X_1^g, X_2^g, \cdots, X_{N_p}^g] \tag{7.1}$$

第 i 个种群可以表示为

$$X_i^g = [X_{(i,1)}^g, X_{(i,2)}^g, \cdots, X_{(i,D)}^g], \quad i = 1, 2, \cdots, N_p \tag{7.2}$$

其中，$X_{(i,j)}^g$ 为第 g 代第 i 个个体的第 j 维；D 为个体决策变量的维数。

在差分进化开始之前，种群中的个体实际上是在定义域中随机产生的，即

$$X_{(i,j)}=\text{rand}(X_j^m\text{in},X_j^m\text{ax}),\quad i=1,2,\cdots,N_p;j=1,2,\cdots,D \tag{7.3}$$

其中，$\text{rand}(a,b)$为a和b之间均匀分布的值。

(5) 突变。突变是区别于传统遗传算法[19]的重要标志。在种群中，差分进化模型通过差分策略实现个体变异。突变个体V由当前个体X产生，即

$$V_{(i,j)}^g=X_{(r_1,j)}^g+\mu(X_{(r_2,j)}^g-X_{(r_3,j)}^g),\quad i=1,2,\cdots,N_p;j=1,2,\cdots,D \tag{7.4}$$

其中，μ为突变因子；$r_1\approx r_2\approx r_3\in(1,N_p)$。

根据算法的生成和搜索进度，对进化速度进行自适应调整。这个想法是为了在进化的早期阶段实现种群的多样性，避免过早得到当时各代的最优值。在进化的后期，突变因子的聚合也应逐渐收敛，使优质的信息不被破坏。

(6) 交叉。种群中个体之间不进行突变。突变后，并不是每个种群都有与其变种的交叉行为。换句话说，在新一代中，变异部分的比例和完整遗传部分的比例需要固定，即交叉操作。交叉操作形成的临时向量$U_{i,j}^g$定义为

$$U_{i,j}^g=\begin{cases}V_{i,j}^g, & \text{rand}(0,1)\leqslant C_r\\ X_{i,j}^g, & \text{其他}\end{cases} \tag{7.5}$$

其中，C_r为交叉概率参数。

(7) 选择。差分进化算法将变异交叉后的生成代入优化方程。理论上，采用贪心算法选择值最大的为真正的下一代，即

$$X_i^{g+1}=\begin{cases}U_i^g, & f(U_i^g)\leqslant f(X_i^g)\\ X_i^g, & \text{其他}\end{cases} \tag{7.6}$$

其中，$f(\cdot)$为优化问题。

在实际问题中，智能个体或群体可能存在感性心理，导致在选择最优生成时不能采取贪婪策略，无法达到理想的最大值。整个选择策略演变为

$$X_i^{g+1}=\begin{cases}U_i^g, & \text{rand}(0,1)\leqslant W(f(U_i^g)-f(X_i^g))\\ X_i^g, & \text{其他}\end{cases} \tag{7.7}$$

其中，$W(\cdot)$为 0～1 的感知度量函数。

根据实际应用需求，可以从演化目标、演化条件、迭代次数和选择策略等方面定义和调整差分演化的基本要素。

2. K 均值聚类

聚类分析[20]是机器学习和数据理解最基本的模式之一。聚类分析根据度量或

分类对象进行分组或聚类，感知内在特征或相似性。特别的，聚类分析不使用用预先识别的类别标签，其实质是探索数据中潜在的映射和结构。

在聚类方法中，K 均值聚类是最常用、最简单的聚类算法之一，由多种聚类算法衍生而来[21-23]。首先，K 均值聚类源于信号处理领域，是一种矢量量化方法。现在，它作为一种数据分析方法在数据挖掘领域中越来越受欢迎，一般将数据的 n 个属性映射到 n 维空间，并随机初始化其 k 个质心。

K 均值聚类算法的流程如下。

(1) 随机选择初始质心，其中 k 是用户指定的参数(需要分成 k 类，这里只考虑二类聚类)，然后将数据集中的每个点指派到最近的质心。指派到一个质心的点就是一个簇。

(2) 根据指派到簇的点，将每个簇的质心更新为该簇所有点的平均值。

(3) 重复指派和更新步骤，直到簇不发生变化，或者等价的，直到质心不发生变化。其公式为

$$\arg\min \sum_{i=1}^{k} \sum_{X \in S_i} \| X - \mu_i \|^2 \tag{7.8}$$

其中，观测集为 $X = \left[x_1, x_2, \cdots, x_n\right]$，每个 x 代表一个 d 维张量。

K 均值聚类要把这 n 个观测点划分到 k 个集合中 $(k \leqslant n)$，使组内平方和最小。换句话说，K 均值聚类的目的是找到一个合理的聚类 S_i，使这种聚类方案与 d 维空间中观测集位置均值 μ_i 的距离差最小。

对于 K 均值聚类结果的评价，一种源于信息论的共同信息方法[24]被广泛使用。互信息是信息的度量，定义为 $J(X;Y)$，表示随机变量 X 包含另一个随机变量 Y 的信息。设两个随机变量 (x, y) 的联合概率分布为 $p(x, y)$，边际概率分布为 $p(x)$ 和 $p(y)$。互信息 $J(X;Y)$ 为联合分布 $p(x, y)$ 与边缘分布 $p(x)p(y)$ 乘积 $p(x, y)$ 的相对熵，定义为

$$J(X;Y) = \sum_{x} \sum_{y} p(x, y) \log \frac{p(x, y)}{p(x)p(y)} \tag{7.9}$$

为了解决不同分布间 K 均值聚类难以比较的问题，可以将相互信息 $J(X;Y)$ 归一化得到聚类评价指标。归一化互信息(normalized mutual information，NMI)[25]定义为

$$\mathrm{NMI}(X, Y) = 2 \frac{J(X;Y)}{H(X) + H(Y)} \tag{7.10}$$

其中，$H(X)$ 为随机变量 X 的信息熵。

7.2.2　基于差分进化和聚类的异常点检测方法

根据不同种群交互方式的定义，调整差分进化模型中的优化函数，模拟众智进化过程中的智能交互行为(包括合作、竞争、对抗和无行为)。不同的智能交互行为意味着众智的度量算子也不同。只有两个种群的智能交互方式图及其对应的智能度量算子如表 7.1 所示。其中 a_1 和 a_2 表示种群的智能量。此度量方法不是唯一的，可以根据实际度量情况进行调整。

表 7.1　只有两个种群的智能交互方式图及其对应的智能度量算子

关系	合作关系	无关联	竞争关系	对抗关系
图示	o—⊙—o	o—○—o	o—⊕—o	o—⊗—o
公式	$a_1 \times a_2$	0	$\max(a_1,a_2)-a_1-a_2$	$\mathrm{abs}(a_1-a_2)-a_1-a_2$

根据表 7.1 的规则，众智计算公式可以推广到具有三个种群的群体。遍历含有三种智能个体所有可能的群体智能交互与公式如图 7.1 所示。通过三个智能个体遍历所有可能的群体智能交互，树遍历显示重复组合的计算，因为我们默认每个个体的智能都是等效的。对于每一种可能的智能交互，我们展示了相应的进化公式。特别是，标有“*”的演化公式是 K 均值聚类的目标，因为在所有的互动中，合作关系和非合作关系必须同时存在；非合作关系数量必须是 2 个，所以一定存在异常种群。

差分进化框架中的变异和交叉机制是差分进化的特征。在我们的改进中，交叉和变异机制几乎保持不变，将选择机制中的不变贪婪策略替换为感知策略。对于这种新的策略，我们认为，费米-狄拉克函数[26,27]适合模拟敏感性的进化规律。作为感知进化规则，费米-狄拉克函数定义为

$$W(\Delta\mu)=\frac{1}{1+\mathrm{e}^{-(\Delta\mu)/\kappa}} \tag{7.11}$$

其中，$\Delta\mu$ 为当前代智能体与下一代智能体之间的智能差异；κ 为噪声，用于描述感知行为。

在智能的发展中，费米-狄拉克函数意味着，在收益方面比较当前一代众智智能和下一代众智智能，采用将一种概率转化为下一代的策略。

不同噪声影响下的费米-狄拉克函数曲线如图 7.2 所示。当噪声趋于 0 时，整个进化选择策略趋于贪婪算法。在新世代，几乎决定性地采用最佳进化策略。当噪声趋于正无穷大时，整个进化选择策略趋向随机。进化策略是通过任意的混沌方法选择的，而不管该策略是否是最佳选择。

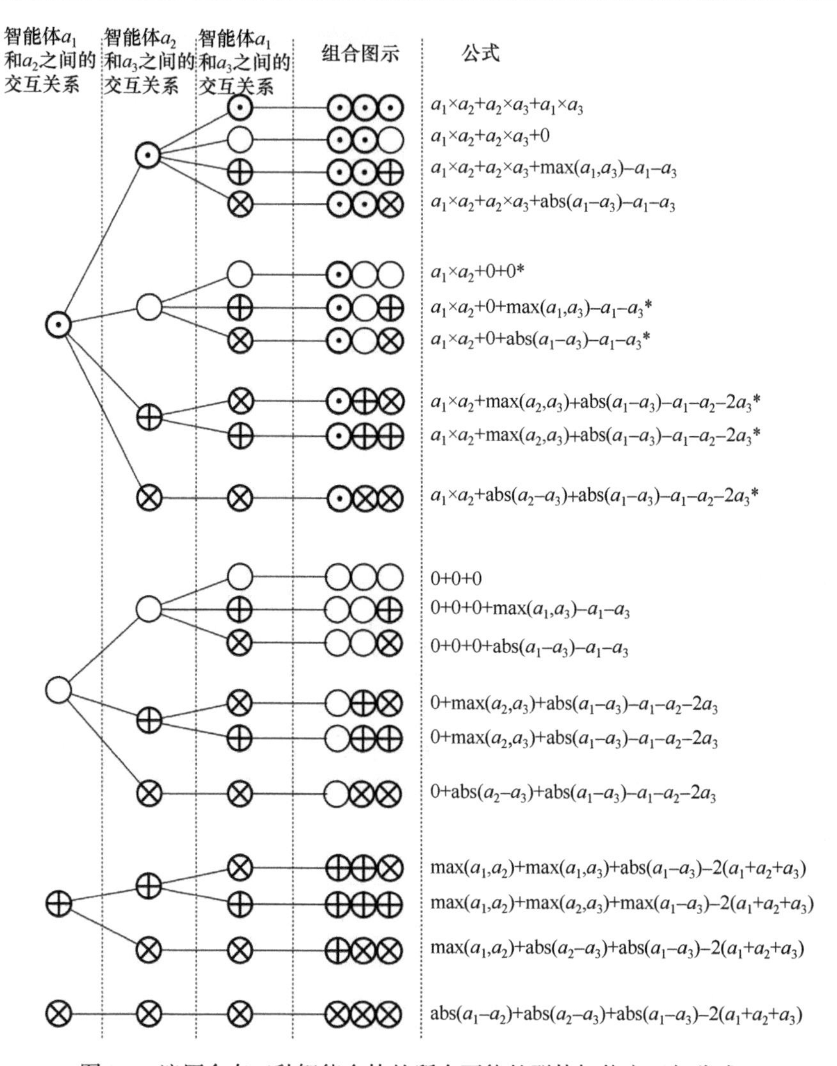

图 7.1　遍历含有三种智能个体的所有可能的群体智能交互与公式

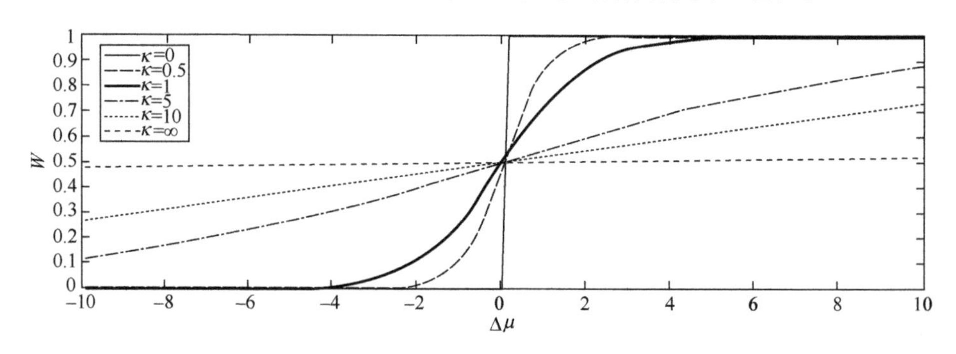

图 7.2　不同噪声影响下的费米-狄拉克函数曲线

以 $\kappa=1$ 为例，当 $\Delta\mu=-2$ 时，意味着即使新一代的智能不如上一代，仍有 10%左右的可能性选择新一代的智能群体。当 $\Delta\mu=2$ 时，意味着即使新一代的智能大于上一代，也只有约 90%的新一代可能选择新一代的智能群体。噪声越大，越不利于在进化早期发现退化个体。K 均值聚类方法可以在很大程度上避免噪声，达到检测异常交互个体的目的。

7.2.3　基于差分进化和聚类的异常点检测方法实现

为了验证改进的差分进化模型的有效性，我们根据图 7.1 中列出的智能计算公式和以下参数设计差分进化模型。

(1) 最大迭代次数设为 1000。

(2) 变化率设为 0.5(随机变化)。

(3) 交叉概率设为 0.9。

(4) 问题的维度设为 3。

(5) 初始个体智能的智能范围为 0～10。

(6) 噪声参数 $\kappa=60$。此外，在下一次参数灵敏度分析实验中调整噪声参数。

(7) 选择图 7.1 中带有“ *”标记的智能计算公式进行优化。

在 1000 代的进化过程中，具有不同交互模式的智能人群的进化如图 7.3 所示。它还显示了每个智能体的智能发展趋势。在众智的早期发展发生一些波动之后，变化趋势逐渐稳定。经过 600 次进化，大多数智能个体都停止进化。在进化的早期，智能个体的变化是混乱的，很难通过交互问题检测智能个体。这种交互问题显然会在演化的最后暴露出来，但实际上，在演化的结尾发现问题已经为时已晚。此外，在实际的智能交互过程中，智能个体的数量可能远远超过三个，并且模型的定义更加复杂，因此难以直接分析模型。

K 均值聚类可以挖掘阻碍进化初期众智的智能发展的智能个体，避免进化后期的时间和精力成本。在具有更多智能个体的众智的智能进化中，K 均值聚类可以发现异常的智能个体，而无须了解众智网络的进化框架。为了验证 K 均值聚类在异常智能个体检测中的有效性，我们设计了以下实验。

(1) 为了避免众智进化过程中由小概率事件引起的进化失败，以图 7.3 中的众智进化实验为蓝图，每个进化框架重复进行 200 次实验。

(2) 在每组实验中，从前 100 代随机选择 5 代智能个体作为样本。在同一个进化框架中，每个智能个体样本共计 1000 个世代，每 5 代都是在同一众智进化框架下的智能个体样本。它们被列为 5 维特征张量(共 200 个)和 600 个表征三种个人智力的总张量。

(3) 通过 K 均值将 600 个特征张量分为两类。使用 NMI 作为评估指标来计算聚类精度。

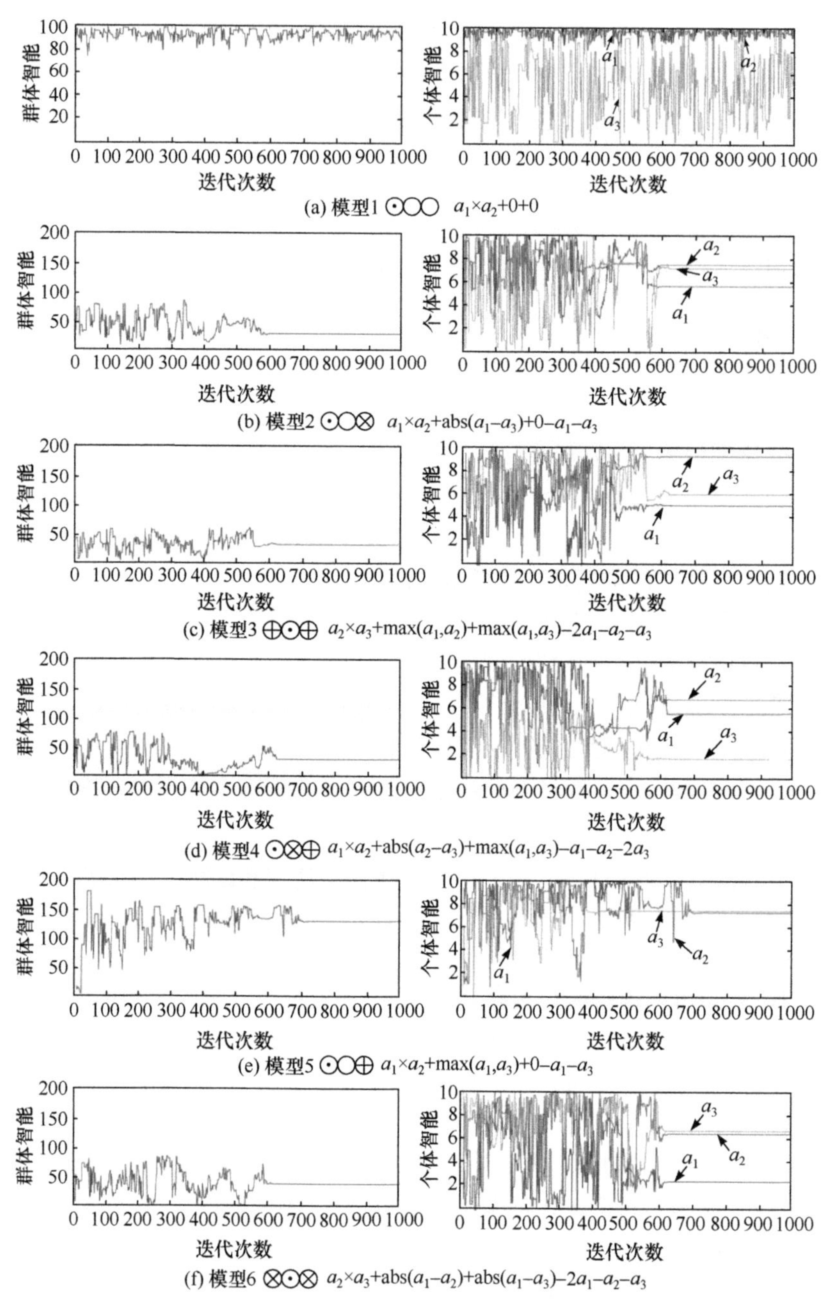

图 7.3　1000 代进化过程中具有不同交互模式的智能人群的进化

(4) 分析 K 均值聚类技术在群体智能中检测智能个体异常的可行性。

对于图 7.1 中带有*标记的众智进化模型，利用计算公式进行五次差分进化和

K 均值聚类的仿真实验，以计算每个聚类的 NMI。K 均值聚类的结果如图 7.4 所示。结果表明，对于不同的智能计算公式，K 均值聚类在差分演化早期阶段的影响是不同的。NMI 大于 0.6 的聚类结果通常是好的，可以准确地区分异常智能个体和正常智能个体，而 NMI 小于 0.3 的聚类结果表明，K 均值聚类不能很好地检测这种框架的异常智能个体。K 均值聚类的结果不但受智能进化框架及其计算公式的影响，而且受噪声参数 κ 的影响。

为了验证噪声参数对众智发展和异常智能个体检测的影响，我们对参数敏感性进行分析实验。噪声参数敏感性分析如图 7.5 所示。噪声参数 κ 的取值范围为 0.1～99。结果表明，模型 1 的演化性能几乎不受噪声的影响。这是因为存在不参与模型目标函数计算的个体。对于模型 5，由于无法准确地排除异常个体，因此无法检测噪声对异常个体检测的影响。其他模型的异常聚类性能均受噪声影响。

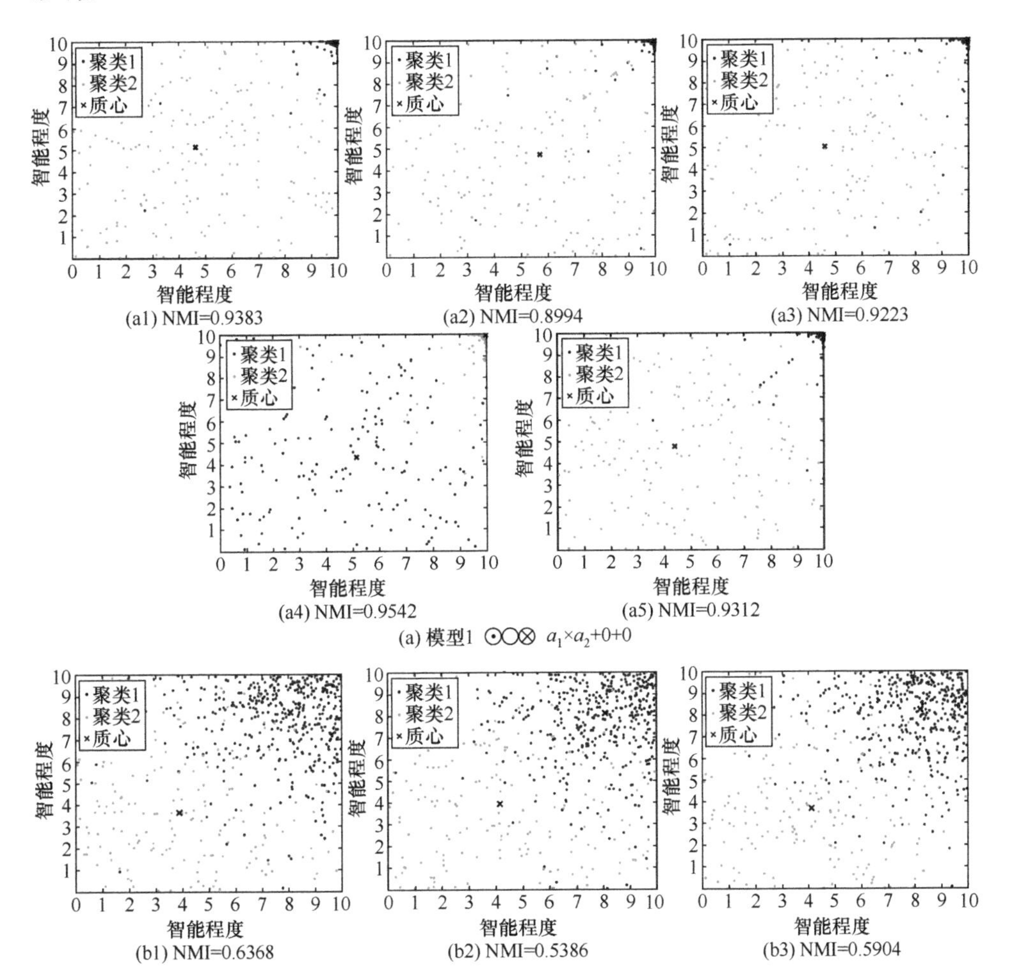

(a1) NMI=0.9383　(a2) NMI=0.8994　(a3) NMI=0.9223

(a4) NMI=0.9542　(a5) NMI=0.9312

(a) 模型1 ⊙○⊗ $a_1 \times a_2+0+0$

(b1) NMI=0.6368　(b2) NMI=0.5386　(b3) NMI=0.5904

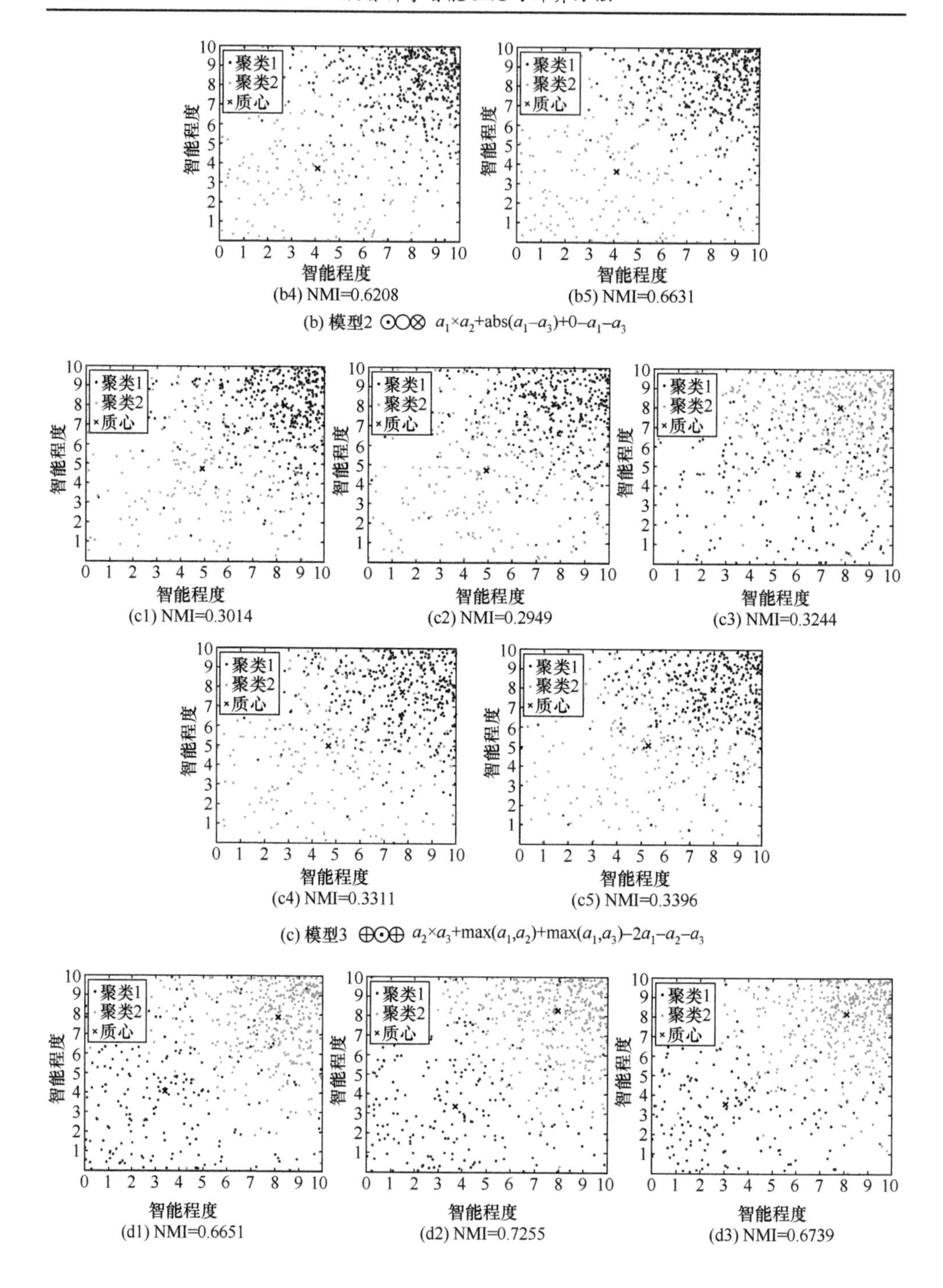

(b) 模型2 ⊙○⊗ $a_1 \times a_2 + \mathrm{abs}(a_1 - a_3) + 0 - a_1 - a_3$

(c) 模型3 ⊕⊙⊕ $a_2 \times a_3 + \max(a_1, a_2) + \max(a_1, a_3) - 2a_1 - a_2 - a_3$

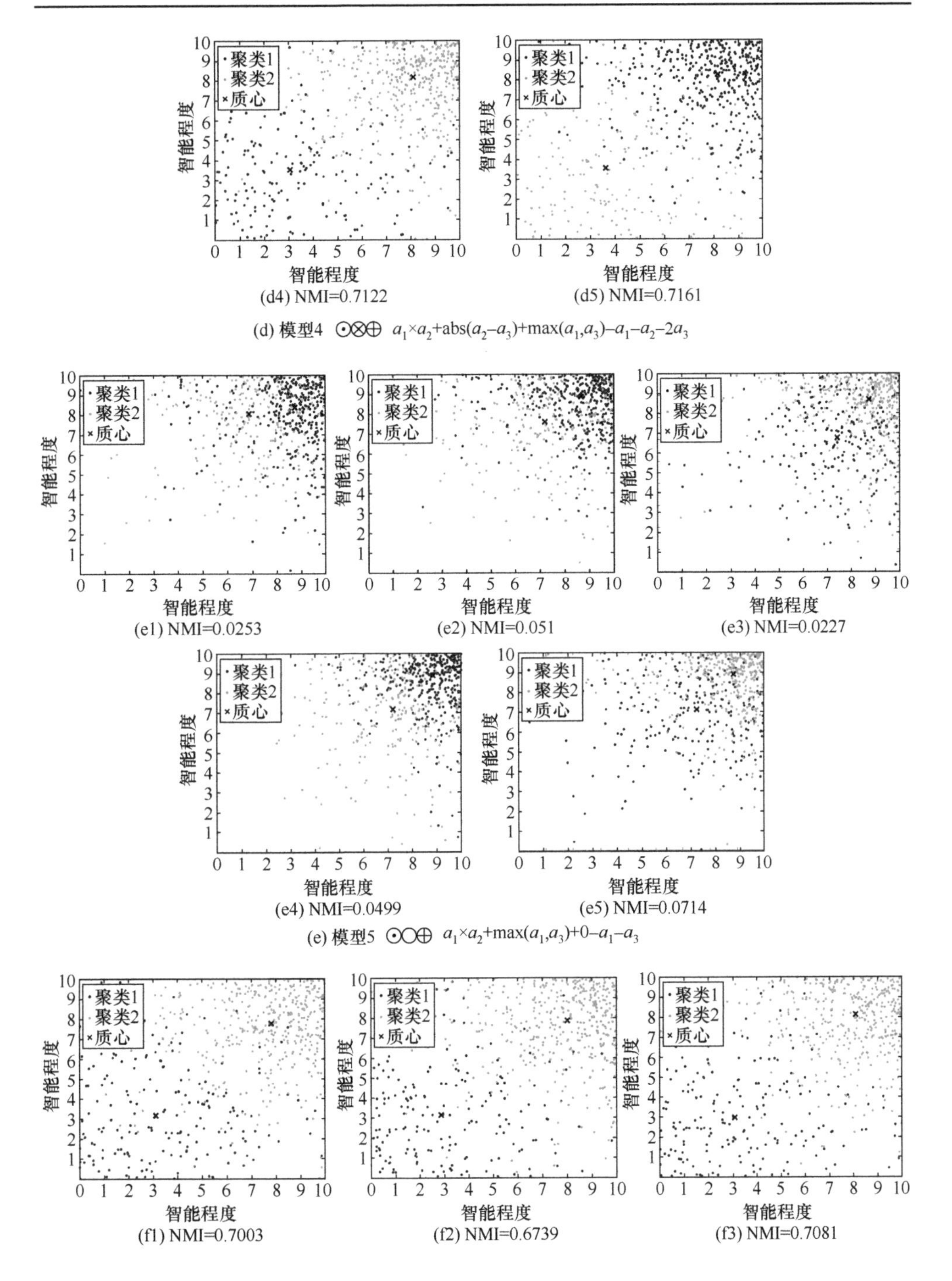

(d4) NMI=0.7122　(d5) NMI=0.7161

(d) 模型4 ⊙⊗⊕ $a_1 \times a_2 + \mathrm{abs}(a_2 - a_3) + \max(a_1, a_3) - a_1 - a_2 - 2a_3$

(e1) NMI=0.0253　(e2) NMI=0.051　(e3) NMI=0.0227

(e4) NMI=0.0499　(e5) NMI=0.0714

(e) 模型5 ⊙○⊕ $a_1 \times a_2 + \max(a_1, a_3) + 0 - a_1 - a_3$

(f1) NMI=0.7003　(f2) NMI=0.6739　(f3) NMI=0.7081

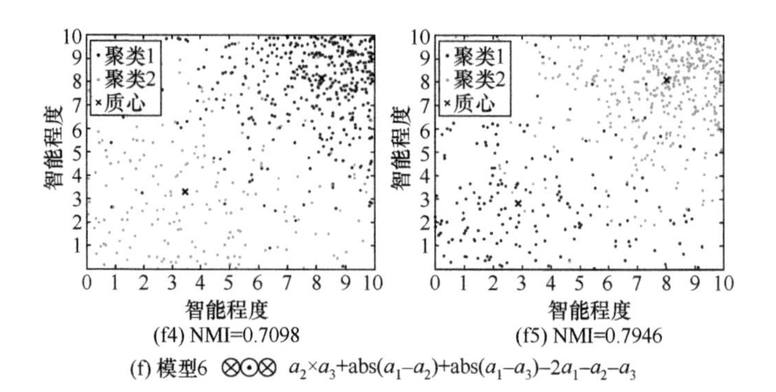

(f) 模型6 ⊗⊙⊗ $a_2 \times a_3$+abs(a_1-a_2)+abs(a_1-a_3)$-2a_1-a_2-a_3$

图 7.4　*K* 均值聚类的结果

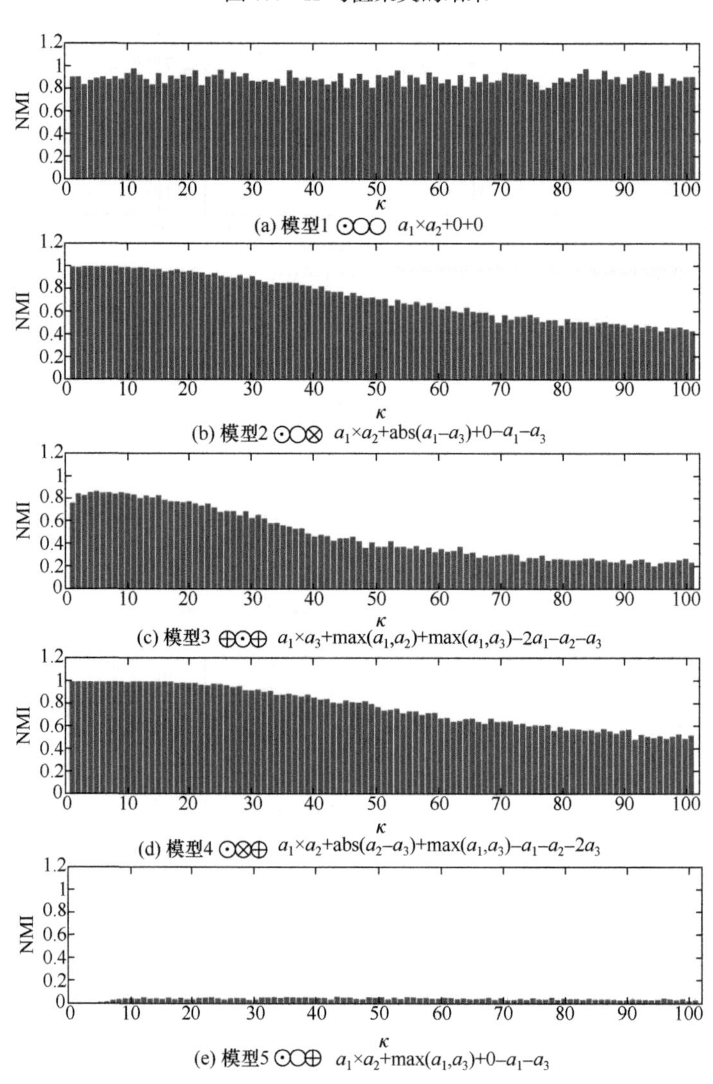

(a) 模型1 ⊙○○ $a_1 \times a_2$+0+0

(b) 模型2 ⊙○⊗ $a_1 \times a_2$+abs(a_1-a_3)+0$-a_1-a_3$

(c) 模型3 ⊕⊙⊕ $a_1 \times a_3$+max(a_1,a_2)+max(a_1,a_3)$-2a_1-a_2-a_3$

(d) 模型4 ⊙⊗⊕ $a_1 \times a_2$+abs(a_2-a_3)+max(a_1,a_3)$-a_1-a_2-2a_3$

(e) 模型5 ⊙○⊕ $a_1 \times a_2$+max(a_1,a_3)+0$-a_1-a_3$

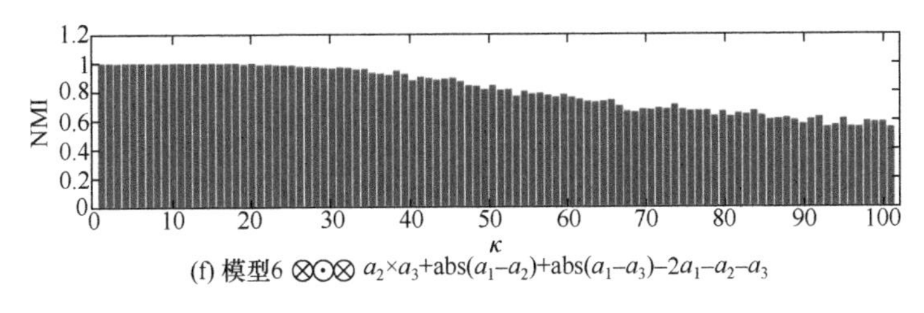

(f) 模型6 ⊗⊙⊗ $a_2\times a_3$+abs(a_1-a_2)+abs(a_1-a_3)$-2a_1-a_2-a_3$

图 7.5　噪声参数敏感性分析

对于具有交互行为的众智网络，其整体智能和个体智能应处于动态状态。不同于以往对众智的静态描述，本节提出一种差分动态智能进化模型。特别地，此种方法可以在进化的早期利用 K 均值对进化异常的个体进行聚类。实验和噪声灵敏度分析可以验证该方法的有效性和鲁棒性。

7.3　众智的粒子群聚类进化

在自然界，进化指生物体随时间推移而发生变化的过程。Darwin[28]在《物种起源》中提出的自然选择理论对生物的进化做了一定的解释。该理论可以解释物种为什么会随着时间发生演变，以及新物种出现的原因，阐释有机体结构随时间产生变化的过程，并说明这些结构的组成部分为什么具有明显的目的性特征[29]。本质上，生物进化是生物在新的环境中能够更好地生存下去，更具有竞争力的必经过程。在众智的智能进化中[30]，进化可以解释为众多智能体为了产生优于个体解决问题能力的群体协作过程，更多被称作演化、演变。个体解决问题的能力可以通过智能水平来衡量，因此众智进化的最终目标可以理解为提升智能体的智能水平。

众智科学中的智能体种类多样，既有同质同构的，也有异质异构的。智能体是混乱的，会影响进化的研究过程。为了解决这个问题，本节提出使用聚类的方法对智能体进行合理的划分，以便研究智能进化过程[20]。聚类是将物理或者抽象对象的集合分成由类似的对象组成多个类的过程。对智能体进行聚类，可以根据某个标准将智能体划分到具有相似标准的簇中，以使智能体变得有序。粒子群算法是一种基于群体智能的优化算法，通过模拟鸟群觅食的行为，鸟群通过集体的协作不断向最优目标靠近。粒子群算法在群体智能中得到广泛应用，因此本节通过粒子群算法分析众智的进化过程。

基于此，本节提出一种基于智能水平聚类的粒子群智能进化方法，通过聚类和粒子群算法研究众智的进化过程。由于智能体的混乱状态，我们首先对智能体进行聚类，得到聚类结果后使用粒子群进化算法来优化智能体。特别是，聚类方法使用改进的 K-medoids 算法[31]，不使用欧氏距离作为聚类的度量标准，而是使用智能体的智能水平作为度量标准[32]。该方法的具体流程是，首先根据智能水平对智能体进行聚类，然后使用粒子群进化算法对聚类后得到的智能体进行优化，以实现智能进化的过程。

7.3.1 粒子群进化算法

粒子群是一种有效的全局寻优算法，是基于群体智能理论的优化算法。算法通过粒子间合作和竞争产生的群体智能指导优化搜索，目前已广泛用于数据挖掘、神经网络训练等应用领域。

粒子群优化算法具有进化计算和群体智能的特点。算法通过模拟鸟类觅食的过程，不断搜索最靠近食物的那只鸟的邻近位置。这样鸟群整体就能慢慢向食物靠近。粒子群算法在初始阶段随机初始化一定数量的粒子，不断进行迭代搜索求问题的最优解。每次迭代粒子始终参考极值更新它本身：第一个就是粒子本身找到的最优解，这个解称为个体极值 pBest，另一个极值是整个种群找到的最优解，这个极值称为全局极值 gBest。另外，也可以只使用其中一部分最优粒子的邻居，那么所有邻居中的极值就是局部极值。在搜索过程中，粒子根据下面的公式分别更新粒子的速度和位置，即

$$v_j^{g+1} = v_j^g + c_1 r_1 (p_j - x_j^g) + c_2 r_2 (p_{gb} - x_j^g) \tag{7.12}$$

$$x_j^{g+1} = x_j^t + v_j^{g+1} \tag{7.13}$$

其中，v_j^g 为第 g 次迭代时第 j 个粒子的速度；x_j^g 为第 g 次迭代时第 j 个粒子的位置;c_1 和 c_2 为学习因子，通常是非负常数；r_1 和 r_2 为 (0,1) 之间的随机数；p_j 为当前粒子搜索到的个体最优值；p_{gb} 为全局最优值，表示整个群体当前最优的位置。

粒子群算法的流程如下。

(1) 随机初始化粒子群，即随机设定各粒子的初始位置和初始速度。

(2) 计算每个粒子的适应值。

(3) 根据适应值，更新粒子的速度和位置。

(4) 重复(2)～(3)，直到最大迭代次数或全局最优值满足最小界限。

7.3.2 基于智能水平聚类的粒子群智能进化方法

下面介绍 *K*-medoids 聚类算法和粒子群算法，以及这两种算法应用到智能进化中所做的改进。

K-medoids 聚类算法与 *K* 均值聚类算法的原理和流程相似，区别在于 *K* 均值算法的聚类中心为簇内对象的均值，而 *K*-medoids 算法的聚类中心为簇内的某个对象，能够对智能体进行划分的同时减弱异常值的影响。考虑智能体的特殊性，选 k 个智能体为聚类中心，而不是均值。*K*-medoids 聚类算法的流程如下。

(1) 在数据样本中，随机选择 k 个数据样本作为初始聚类中心。

(2) 将剩余的数据样本点划分到 k 个簇中。

(3) 根据划分的簇，更新聚类中心。更新准则为当前簇中所有其他样本到该中心点距离之和最小，一般选用欧氏距离。

(4) 重复(2)～(3)，直到所有的中心点不再发生变化或者达到设定的迭代次数。

(5) 输出最终确定的 k 个类。

根据上述聚类流程，我们提出基于智能水平聚类的流程。

(1) 初始化智能体的数量 N 。在定义域内生成智能体，智能体的分布服从 $(0,1)$ 之间的均匀分布。智能体的纵坐标表示完成任务的质量 $Q_i(i=1,2,\cdots,N)$ ，横坐标表示智能体完成任务的时间 $T_i(i=1,2,\cdots,N)$ 。

(2) 计算每个智能体的智能水平，使用基于质量-时间的智能度量公式计算智能水平[32]，即

$$I_i=\frac{Q_i}{T_i},\quad i=1,2,\cdots,N \tag{7.14}$$

(3) 初始化聚类数目 k，聚类中心 $C_{\mu_j}(j=1,2,\cdots,k)$ 。聚类数目是根据实际需要可以修改的参数，即将群体划分为 k 类，将群体中的每个智能个体划分到最近的中心簇中形成 k 个簇。

(4) 计算智能体到每个聚类中心的距离 I_{dis_i} ，即

$$I_{\text{dis}_i}=|I_i-I_{C_{\mu_j}}|,\quad i=1,2,\cdots,N;j=1,2,\cdots,K \tag{7.15}$$

这里的距离不再是欧氏距离，而是个体智能水平与聚类中心智能水平的绝对差。

(5) 求最小智能水平距离，重新划分智能体。每个智能体划分到和它智能水平距离最小的中心所属的类。

(6) 重新计算每个聚类中心的位置。(5)中得到的每个簇中距各个智能体智能水平的绝对误差最小的智能体，为新的中心。

(7) 重复(4)～(6)，直到所有的中心点不再发生变化或者达到设定的迭代次数。

(8) 得到聚类后的 k 个簇。

基于智能水平聚类的整体流程，其中 $C_j(j=1,2,\cdots,k)$ 表示划分的簇。特别的，在生成智能体时，设定生成条件，即设置定义域。理论上，智能体的智能水平、完成任务的质量和时间的取值范围都是 $(0,+\infty)$ 。在实际场景中，智能体的智能水平是有限的。为了方便度量，将智能体的智能水平、完成任务的质量和时间进行归一化，即 $I_i\in(0,1)$ 、$Q_i\in(0,1)$ 、$T_i\in(0,1)$ 。因此，$0<\dfrac{Q_i}{T_i}<1,i=1,2,\cdots,N$ ，可以

得到 $0 < Q_i < T_i < 1$。智能体的分布为 $Q_i < T_i$ 范围下 (0,1) 的均匀分布，即

$$X_{p,q} = \text{rand}(N,D), \quad p = 1,2,\cdots,N; q = 1,2,\cdots,D \tag{7.16}$$

其中，D 为智能个体的维度；rand(m,n) 为 (0,1) 均匀分布的随机数组成的 m 行 n 列矩阵。

根据上述流程可以得到根据智能水平聚类的 k 个簇，之后使用粒子群算法对智能体进行优化。

为了使用粒子群算法研究智能体的进化过程，对标准的粒子群算法进行改动。首先，随机初始化粒子群，将聚类得到的 k 个簇的智能体作为输入。粒子速度项可能造成粒子偏离正确的进化方向，导致进化后期的收敛速度变慢[33]。改进的粒子群算法只更新粒子的位置，不考虑速度，这样可以避免或减缓收敛速度变慢的问题。然后，不再设置个体最优值和全局最优值，而是在簇内设置一个进化中心 p_{ec}。这可以认为是一个局部最优值，簇内的其他智能体向局部最优值进化。因此，改进的粒子群算法用于智能进化的流程如下。

(1) 将聚类过程得到的 k 个簇作为输入。

(2) 设置最大进化迭代次数，为进化迭代次数设置上限。

(3) 计算群体初始智能水平。与进化之后的智能水平做对比，分析是否进化，即

$$I = \sum_{i=1}^{N} I_i = \sum_{i=1}^{N} \frac{Q_i}{T_i} \tag{7.17}$$

(4) 设置群体进化中心。进化中心可以设置为两种，一种是以最大智能水平的智能体为进化中心，另一种是设置聚类中心为进化中心。两种不同的设置方式可以应用在不同的场景问题中，这样可以自适应地改变进化方式。

(5) 根据改动后的公式更新智能体的位置，即智能体的智能水平，即

$$x_j^{g+1} = x_j^g + c_1 r_1 (p_{ec} - x_j^g) \tag{7.18}$$

(6) 判断是否达到最大进化次数或者达到收敛(即前后两次的智能水平没有发生变化)，如果收敛或者达到最大进化次数，则计算进化后的群体智能水平。

(7) 比较初始的群体智能水平和进化后的群体智能水平，分析智能进化过程。

另外，在进化过程中，通过设置阈值来控制进化程度。当智能体的智能水平与进化中心的差异大于阈值时，智能体进化；当智能水平小于阈值时，智能体的智能水平不变。当阈值设置为较大值时，进化智能体的数量会减少，智能水平不会得到很大的提升；当阈值设置为较小值时，进化智能体的数量会增加，智能水平会提高。以上为基于智能水平聚类的粒子群智能进化方法的两个主要过程。基于智能水平聚类的粒子群智能进化算法如下(算法 7.1)。

算法 7.1　基于智能水平聚类的粒子群智能进化算法

输入：智能体的数量 N，聚类数目 k，参数 c_1，阈值 α，最大迭代次数 M

输出：进化后的群体智能水平，以及进化后的智能体位置。

1：初始化：生成智能体 Q_j、T_j，聚类中心 $C_{\mu_j}(j=1,2,\cdots,k)$；

2：计算每个智能体的智能水平；

3：计算每个智能体到聚类中心的距离划分智能体；

4：重新更新聚类中心；

5：重复 3 和 4，直到所有的中心点不再发生变化，或者达到设定的迭代次数；

6：得到聚类结果，即 k 个簇；

7：不收敛或者 $m<M$ 时，使用式(7.18)更新智能体的位置，即智能水平。

7.3.3　基于智能水平聚类的粒子群智能进化方法实现

仿真验证所提方法的有效性。在仿真实验中，初始智能体的生成遵循之前设置的生成条件。初始智能体的分布图如图 7.6 所示。智能体的数量设置为 200。

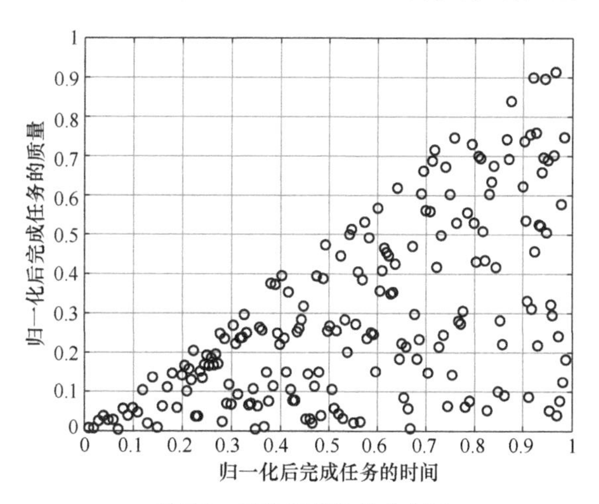

图 7.6　初始智能体的分布图

实验设置智能体的数量为 200，进化的最大迭代次数为 50，聚类数目分别选取 3、4、5。聚类数目不宜设置太大或者太小，太大可以减少类内间距，但有可能破坏数据的泛化性；太小则分类效果不会很好，即两个智能水平相差很大的智能体也被划分到同一个簇中。聚类数目为 3 时，所提方法的两个过程及实验的结果如图 7.7 所示。图 7.8 是聚类数目为 4 时所提方法的两个过程，以及实验的结果。聚类数目为 5 时所提方法的两个过程及实验的结果如图 7.9 所示。图 7.7(a)、

图 7.8(a)、图 7.9(a)展示了根据智能水平聚类的结果。聚类后，在每个簇内设置进化中心，簇内的其他智能体与进化中心进行交互。图 7.7(b)、图 7.8(b)、图 7.9(b)展示了阈值α=0.12，进化中心为最大智能水平的智能体时进化的结果。图 7.7(c)、图 7.8(c)、图 7.9(c)展示了阈值α=0.1，进化中心为聚类中心时进化的结果。

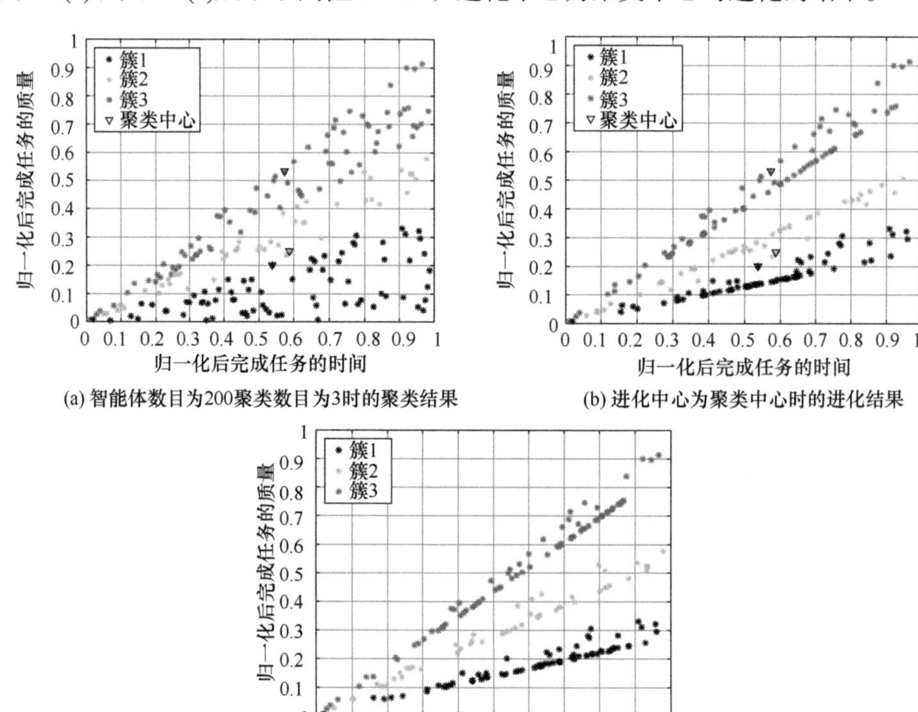

(a) 智能体数目为200聚类数目为3时的聚类结果

(b) 进化中心为聚类中心时的进化结果

(c) 进化中心为最大智能水平智能体时的进化结果

图 7.7　聚类数目为 3 时所提方法的两个过程及实验的结果

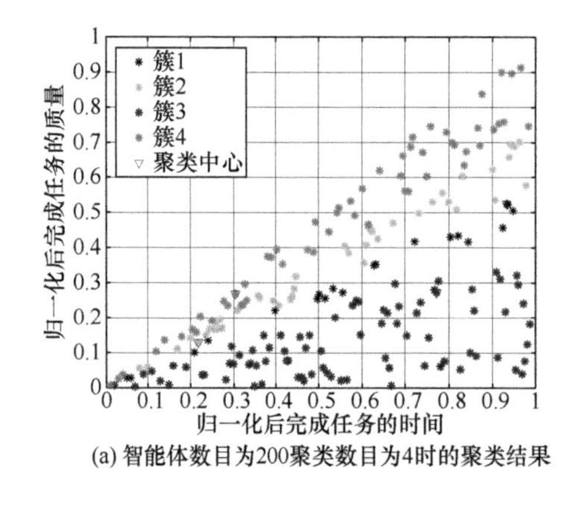

(a) 智能体数目为200聚类数目为4时的聚类结果

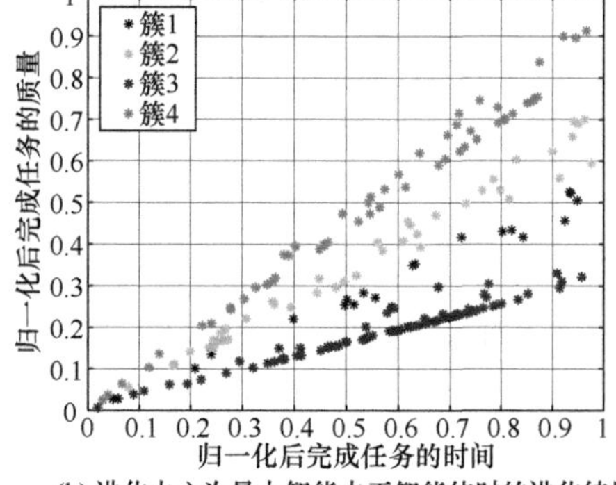

(b) 进化中心为最大智能水平智能体时的进化结果

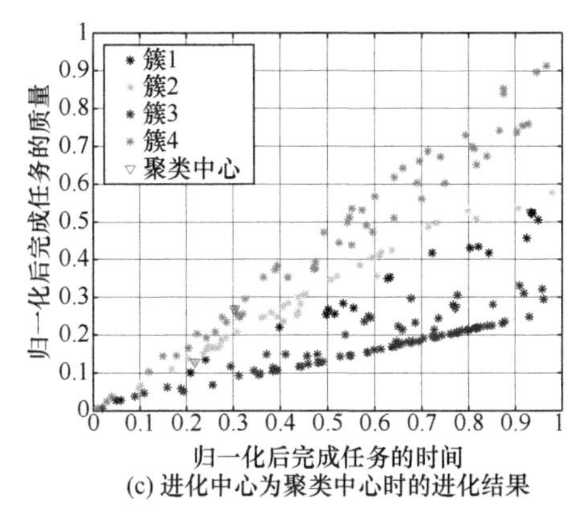

(c) 进化中心为聚类中心时的进化结果

图 7.8　聚类数目为 4 时所提方法的两个过程及实验的结果

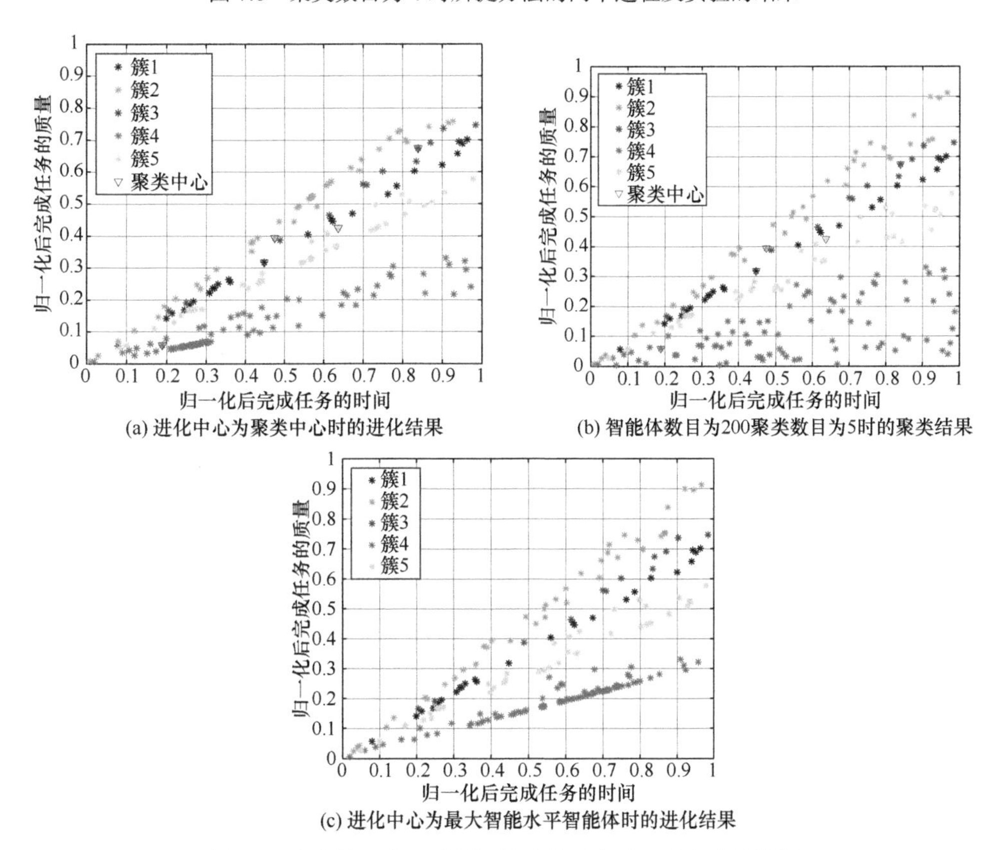

(a) 进化中心为聚类中心时的进化结果

(b) 智能体数目为200聚类数目为5时的聚类结果

(c) 进化中心为最大智能水平智能体时的进化结果

图 7.9　聚类数目为 5 时所提方法的两个过程及实验的结果

迭代过程中群体智能水平的变化过程和进化前后的智能水平如图 7.10 所示。可以看到，聚类数目越大，群体智能水平的提高越小。这是因为聚类的数目越大，每个簇中最大智能水平或者中心点的智能水平就越小，所以最终的群体智能水平的提高越小。不管聚类数目的大小，最终的群体智能水平都得到提高，并在后期收敛。

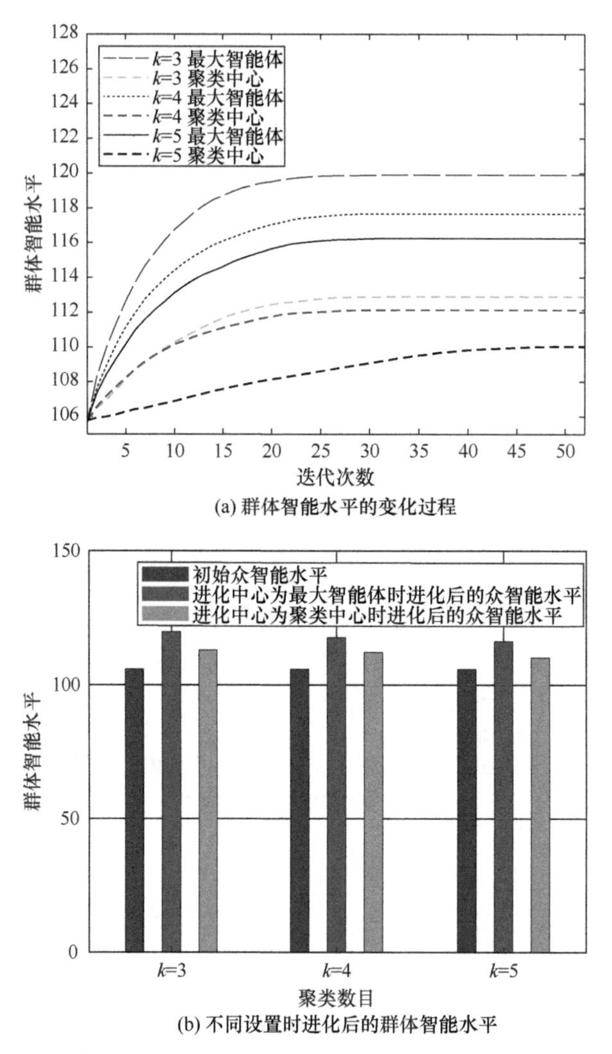

(a) 群体智能水平的变化过程

(b) 不同设置时进化后的群体智能水平

图 7.10　迭代过程中群体智能水平的变化过程和进化前后的智能水平

本节在之前工作的基础上，提出一种基于智能水平聚类的粒子群智能进化方法。该节详细描述了算法的两个过程，在对智能体进行聚类时，以智能体的智能水平作为度量标准，然后采用粒子群进化算法对智能体进行优化，以完成智能体的进化。同时，设计仿真实验来验证所提方法的有效性。实验结果表明，所提的方法能够提高群体的智能水平。

7.4　众智的遗传进化

7.4.1　物联网中的众智进化

物联网被定义为一种信息载体。它通过各种信息传感器、射频识别技术、全球定位系统等设备和技术，对网络成员的信息进行实时采集。通过通信技术的使用推动城市行政、教育、医疗保健和交通的智能化服务[34,35]。当前，第五代移动通信技术的发展进入了新的阶段，5G 的性能目标是高数据速率、减少延迟、节省能源、降低成本、提高系统容量和大规模设备连接。ITU IMT-2020 规范要求数据传输速度达到 20 Gbit/s，可以实现宽信道带宽和大容量多进多出[36]。5G 在以上各方面的优势可以为物联网技术的发展带来更好的技术基础。

但是，随着物联网的发展，物联网的规模逐渐扩大，首先是加入物联网的设备类型和数量变多，然后是物联网中成员的变化增大。由此形成的大规模异构设备连接互通就意味着网络管理需求的产生。如何使物联网中的智能设备摆脱混乱的状态，通过一定的协作来提升整体性能就成为当前物联网研究中较为严峻的挑战。

当前对物联网的研究都局限于通信能力的提升[37]、资源的分配[38]等物理层面的基础技术[39]。其发展水平在一定程度上限于物理条件，并且发展速度跟不上需求增长的速度。因此，当前的技术水平不能满足如此高的传输和存储要求时，如何组织物联网设备的协作以提升物联网整体的智能性水平至关重要。大多数研究将整个物联网视为一个整体，致力于研究如何实现设备之间的高速有效通信，以及整个网络的互联互通。当前的工作重点主要通过边缘服务器之间的协作和管理来合理地调配资源。物联网的巨大规模和复杂变化使现有的通信技术、存储和计算能力无法解决物联网设备的管理问题。在大量异构的物联网设备上缺乏有效的协作管理方法，关于物联网中设备的协作，很难找到可靠的合作伙伴。混沌状态会限制物联网的整体智能，无法提供良好的服务体验。因此，我们希望能站在网络智能性的角度思考问题，将物联网的设备组织起来，分析物联网中设备智能的进化方法，达到提升整体智能性水平的目的。

众智科学的兴起以物联网为基础，以万物互联的未来网络化产业运作体系和社会治理需求为背景。它的研究对象是众智网络系统，通过互联网将物理世界、信息世界和意识世界连接起来。物联网恰巧是众智网络的一种体现。我们可以将物联网中的各种智能设备和人统一为众智网络中的智能体。每个智能体成员都可以通过众智科学中的智能性度量量化其智能性。这样就可以利用众智智能度量的理论完成对物联网的智能化定义。在设置智能性的度量标准之后，我们就可以使用一定的方法寻找物联网(众智网络)中智能体的最佳协作状态，挖掘智能体的进化机理，提升物联网整体的智能水平，最终实现对物联网中复杂混乱设备的协作优化管理。

针对上述问题,本节的目的是提供一种面向物联网的异构设备协作管理方法。从众智进化的角度进行考虑，将智能度量和群体智能结合在一起可以优化物联网的整体智能。首先，利用遗传算法的自然消除过程寻找物联网设备的合理协同状态。然后，使用个体智能度量模型计算物联网协作的智能水平。该度量方法具有较好的通用性，以计算、缓存和通信能力作为智能的基础[40]，通过设备相关性和距离因素衡量智能的提高水平。最后，使用遗传算法搜索具有最高智能的物联网协作状态，发掘进化的路径，提高大规模异构物联网设备的协作能力，提升物联网的整体智能水平，实现异构物联网设备的智能化管理。

7.4.2 基于遗传进化的物联网设备优化方法

遗传算法[11]通过模拟自然进化过程，搜索最优解的机制，具有很强的灵活性。这使它可以适合具有随机性、强变化的物联网场景。概率化的自然淘汰机制可以省去我们在复杂环境下对规则的制定，因此本节以遗传算法为基础进行物联网设备的协作优化。

遗传算法模拟自然选择过程，初始化生成一定数目的染色体。每次迭代计算各染色体的适应度，并根据适应度保留一部分染色体，淘汰一部分染色体。适应度高的染色体在下一代染色体中存活的概率大，适应度低的染色体在自然选择过程中被淘汰的概率大。每次迭代的过程会产生一些基因突变来生成新的染色体，防止算法陷入局部最优值。

初始状态时，物联网中的每一个智能体成员独立工作。要想将所有智能体成员的信息进行采集、存储，并实现实时交互的成本是非常大且难以实现的。因此，我们设想参考一定的因素将各智能体成员划分到不同的协作体中。统一协作体中的成员能够实现信息的完全互通。每个协作体进行统一的管理，以完成从混乱无序到有组织管理的改变。

在我们的设置中，物联网中的每个智能体相当于遗传算法中染色体的每一个基因。我们将智能体划分到不同的协作体中，每个智能体所属的协作体编号即该基因的值。因为每个智能体都是独立有效的个体，因此染色体中基因的位置排列是有意义的。将所有智能体所属的协作体编号按顺序排列组成一条“染色体”。一条染色体就可以代表整个智能网络的协作状态。由于不同的智能体有不同的参数，当把一部分智能体加入一个协作体之中后，协作体成员的互联互通将带来协作体整体智能性的提升。有人研究在计算智能体的智能性时选择通信能力、存储能力和计算能力作为智能性的基础度量参数。我们参考这种度量方式，使用这三个参数作为初始状态的智能性计算基础。此外，通过不同智能体成员之间的相关性和距离参数来度量协作体整体智能性提升的水平，在算法中体现为遗传算法的适应度计算。染色体的适应度即网络各协作体的智能性之和。算法示意图如图 7.11 所示。成员编码为 1,2,…,n，染色体上基因的不同颜色表示成员所属的不同协作体。

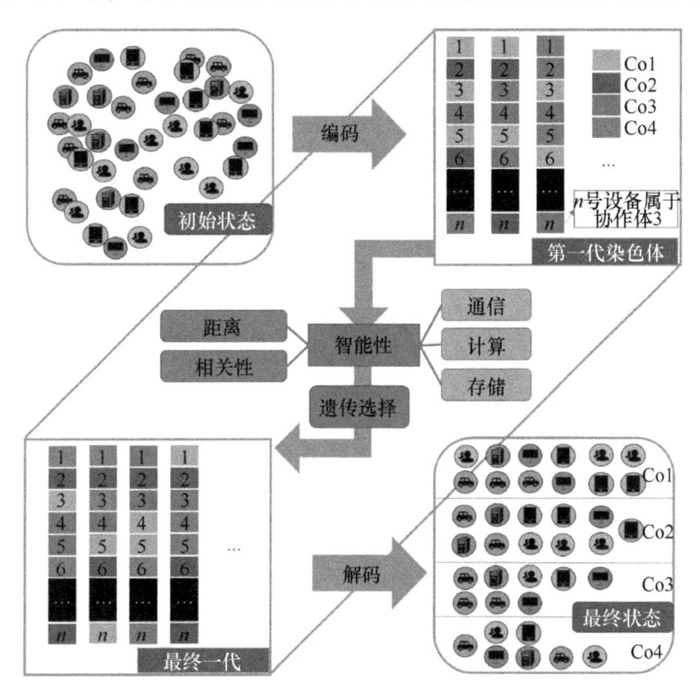

图 7.11　算法示意图

算法的具体步骤如下。

(1) 初始化。随机生成一组可行解，即每个智能体分配一个协作体编号，所有的编号按顺序排列起来组为一条染色体。所有的染色体组成初始的第一代染色体。

(2) 适应度计算。根据适应度函数计算每条染色体对应的协作网络的智能性。根据智能性计算该条染色体在下一次进化中被选中的概率，即自然选择概率。适应度计算公式为

$$f=\sum_{i=1}^{\text{coNum}}\left[\alpha\arctan\frac{1000c_r(r_i-r_{\min})+1}{c_d d_i+1}+1\right]\cdot\text{cache}_i\cdot\text{comp}_i\cdot\text{comm}_i \tag{7.19}$$

其中，f 为适应度函数；coNum 为协作体的数量，根据相关场景自行设置；α 为智能体加成参数，根据场景自行设置；cache_i 为协作体 i 中智能体的平均存储能力；comp_i 为协作体 i 中智能体的平均计算能力；comm_i 为协作体 i 中智能体的平均通信能力；c_r 为相关性加成参数，根据场景中设备相关性的重要程度自行设

置；c_d 为距离加成参数；$r_{\min}$ 为所有协作体的相关度的最小值；r_i 为协作体 i 的相关度，即

$$r_i = \frac{1}{\text{member}_i} \sum_{m,n \in \text{co}_i} r(m,n) \cdot (\text{num}_{mi} + \text{num}_{ni}) \tag{7.20}$$

其中，member_i 为协作体 i 的智能体数；$r(m,n)$ 为智能体种类 m 和 n 的相关度；num_{mi} 和 num_{ni} 为协作体 i 中种类为 m 和 n 的智能体的个数。

令 d_i 为协作体 i 中每个智能体到其质心的平均距离，即

$$d_i = \frac{1}{\text{member}_i} \sum_{j \in \text{co}_i} \sqrt{(x_j - \overline{x})^2 + (y_j - \overline{y})^2} \tag{7.21}$$

其中，(x_j, y_j) 为第 i 协作体中智能体 j 的坐标；$(\overline{x}, \overline{y})$ 为协作体 i 的质心坐标。

由此可以绘制出智能性、距离和相关性的关系，如图 7.12 所示

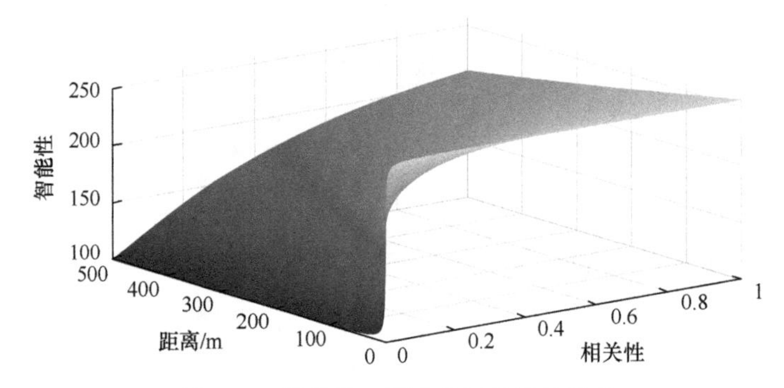

图 7.12　智能性、距离和相关性的关系

可以看出，当相关性趋于 0，距离趋于无穷时，协作体的智能性趋于非协作状态的初始智能值。当相关性趋于 1，距离趋于 0 时，协作体的智能性趋于一个极限值。随着距离的增加，协作体的智能性不断下降。随着相关度的增加，协作体的智能性不断上升。这符合现实的情况。

(3) 自然选择概率计算。每条染色体对应的自然选择概率是其智能性在同一代染色体的智能性之和的比例。其计算公式为

$$p_i = \frac{f_i}{\sum_{j=1}^{N} f_j} \tag{7.22}$$

其中，p_i 为 chromosome_i 在下一次迭代时被选择生存下来的概率。

通过保留智能性较高的染色体，淘汰智能性较低的染色体，在进行若干次的迭代之后，染色体组的质量将越来越高，从而实现众智的进化。

(4) 交叉。每一次的迭代进化都要生成新一代的染色体，因此需要从上一代的染色体中选择父染色体和母染色体，将两条染色体从某个位置切断后拼接在一起生成新的染色体。父代染色体的选择使用轮盘赌算法完成。智能性越高的染色体被选中的概率越高。

(5) 复制。根据算法设置的淘汰率，淘汰一部分染色体，同时保留一部分较为优良的染色体。直接将上一代中对应比例的高智能性染色体复制到下一代，对剩下的染色体进行交叉变异操作。

(6) 变异。只对染色体进行交叉拼接是不够的，还需要对交叉后的染色体进行变异。在新染色体上，随机选择若干个智能体设备，随机修改其所属智能体的编号，给当前染色体引入新的基因，帮助算法避免局部最优。

这就是一次迭代过程。设置迭代次数，进一步迭代，直到协作网络的智能性趋于稳定或达到较为满意的值。

7.4.3　设备优化方法在物联网场景中的应用示例

我们用实验模拟物联网设备。算法使用 JavaScript 编写，在浏览器端调用运行。浏览器使用 Google Chrome 87.0.4280.88 的 64 位正式版本。

我们模拟了一个智能交通场景，选择汽车、监控摄像头、个人电脑和手机作为物联网设备。为了使算法以较快的速度收敛到满意的值，需要对遗传算法的参数进行调整。我们将参数初始化到一个较低的水平，然后根据智能结果逐渐增加参数来选择合适的算法值。遗传算法的原始参数如表 7.2 所示。其中，IN 为迭代次数，CN 为每一代染色体的数目，ER 为每一代中染色体被淘汰的比例，MR 为每一代染色体变异的概率。

表 7.2　遗传算法的原始参数

参数	值
IN	1000
CN	10
ER	0.5
MR	0.1

遗传算法本身是不稳定的。对于每个参数，我们运行算法 100 次，然后计算所有条件下智能性结果的平均值。计算每个条件下高于平均值的智能性出现频率。不同参数的高智能性结果所占的比例如图 7.13 所示。选择高智能性比例最高的参数作为算法的参数，即 IN =2000、CN =20、ER =0.9、MR =0.4。

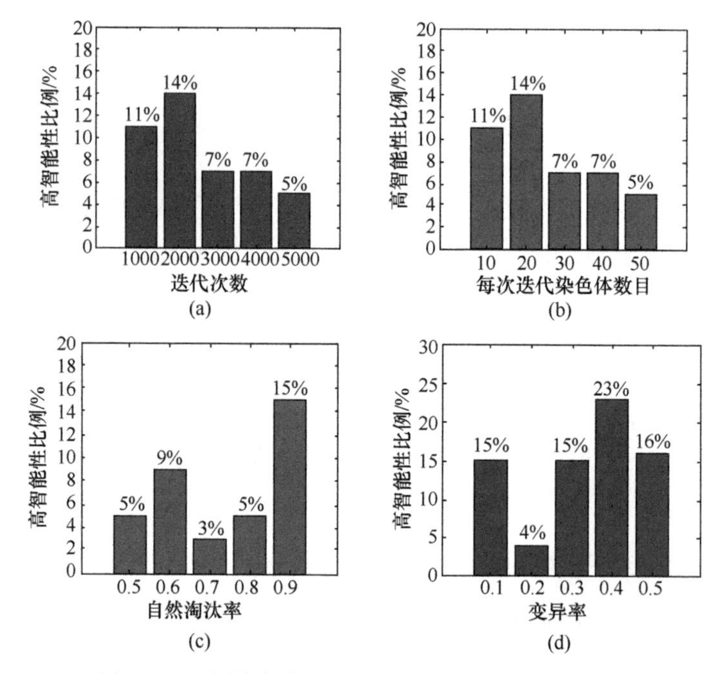

图 7.13　不同参数条件下的高智能性结果所占的比例

我们模拟了 50～400 不同设备数量条件下的物联网场景。仿真中，各种设备所占的比例与实际情况相符。然后，利用提出的智能性优化算法对物联网的智能性进行统计，并对比不同设备规模下原始网络的智能性。进化前后智能性对比图如图 7.14 所示。当设备数大于 150 时，网络的智能性趋于稳定。可以看出，用算

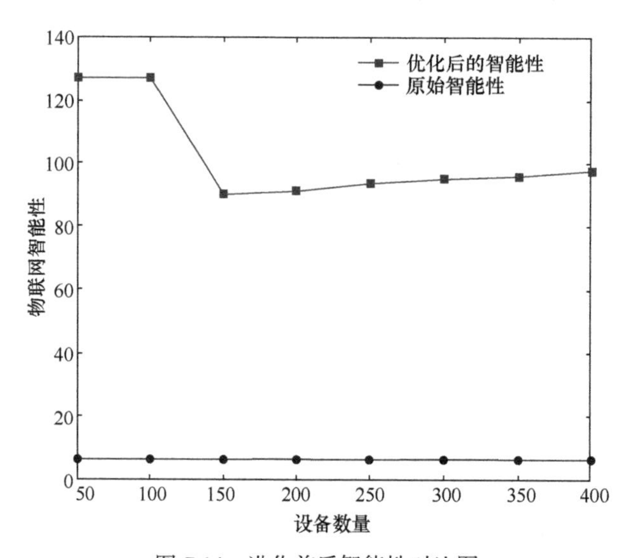

图 7.14　进化前后智能性对比图

法优化的网络智能性始终高于原网络，智能水平稳定地提高约 15 倍。这意味着，智能性优化算法可以在不同设备规模的物联网中得到良好地应用。

对于适应度计算参数 c_r 、c_d 、α 来说，它们不影响算法的收敛速度，影响的是整体的智能性水平，会改变最终协作体的形态，需要根据实际情况来确定。当场景对相关性的重视程度较高时，应适当提高 c_r 的值。当距离成本较大时，应适当提高 c_d 的值。α 根据场景对应的智能性水平的不同来设置，当协作能给整体带来较高的智能性提升时，α 应设置为较大的值。

物联网庞大的规模和复杂的变化使当前的通信、存储、计算水平不能很好地解决物联网中设备的管理问题。混乱的状态使物联网整体的智能性水平受到限制，无法提供良好的服务体验。为了合理安排当前物联网设备的协作管理，提升物联网整体智能水平，我们借助遗传算法的自然淘汰过程寻找智能设备的合理协作状态，通过设备之间的协作提升物联网整体的智能性水平。同时，以物联网设备的通信能力、存储能力和计算能力作为参数计算物联网中协作体的智能性水平。这样的度量方式具有较好的通用性。将相关性和距离参数纳入智能性提升水平的考量，从较为宏观的角度寻找设备的协作状态，即使场景发生变化，所提方法也可以很好地发挥作用。

7.5 本 章 小 结

众智网络中智能个体的智能会受到交互环境的影响。智能个体需要协调与不同环境因素的交互作用，以达到最优的智能状态。本章在众智网络进化的背景下，介绍众智进化的三种方法，探索众智网络进化的可能，使用不同众智网络的评价指标体现进化的过程。在使用差分进化进行建模的众智网络智能体的进化中，对含有三个智能个体的众智网络的交互行为建模。特别地，对处于进化早期的智能体，使用 K 均值聚类的方法，在进化早期找到不利于众智进化的智能体。在使用粒子群算法研究智能进化过程时，为了合理地组织混乱的智能体，实现智能体的进化，首先基于智能水平对智能体聚类，对聚类得到的结果使用粒子群算法来提高群体智能水平。在使用遗传算法研究物联网进化时，借鉴遗传算法的自然选择过程来优化智能设备之间的协作关系，进一步提升物联网整体的智能性水平。

参 考 文 献

[1] Pagel M, Atkinson Q D, Meade A. Frequency of word-use predicts rates of lexical evolution throughout Indo-European history. Nature, 2007, 449(7163): 717-720.

[2] Dorigo M, Gambardella L M. Ant colony system: A cooperative learning approach to the traveling

salesman problem. IEEE Transactions on Evolutionary Computation, 1997, 1(1): 53-66.
[3] Shelokar P S, Jayaraman V K, Kulkarni B D. An ant colony approach for clustering. Analytica Chimica Acta, 2004, 509(2): 187-195.
[4] Rekleitis I, Dudek G, Milios E. Multi-robot collaboration for robust exploration. Annals of Mathematics and Artificial Intelligence, 2001, 31(1): 7-40.
[5] Shi Y, Eberhart R C. Empirical study of particle swarm optimization// Proceedings of the 1999 Congress on Evolutionary Computation, Washington, D.C.,1999: 1945-1950.
[6] Woolley A W, Chabris C F, Pentland A, et al. Evidence for a collective intelligence factor in the performance of human groups. Science, 2010, 330(6004): 686-688.
[7] Dowe D L, Hernández-Orallo J. IQ tests are not for machines, yet. Intelligence, 2012, 40(2): 77-81.
[8] Liu J, Pan Z, Xu J, et al. Quality-time-complexity universal intelligence measurement. International Journal of Crowd Science, 2019, 2(2): 99-107.
[9] Storn R, Price K. Differential evolution-a simple and efficient heuristic for global optimization over continuous spaces. Journal of Global Optimization, 1997, 11(4): 341-359.
[10] Kennedy J, Eberhart R. Particle swarm optimization// Proceedings of ICNN'95-International Conference on Neural Networks, Piscataway, 1995, 4: 1942-1948.
[11] Genlin J. Survey on genetic algorithm. Computer Applications and Software, 2004, 2: 69-73.
[12] Zhou A, Qu B Y, Li H, et al. Multiobjective evolutionary algorithms: A survey of the state of the art. Swarm and Evolutionary Computation, 2011, 1(1): 32-49.
[13] Bergstra J, Bengio Y. Random search for hyper-parameter optimization. Journal of Machine Learning Research, 2012, 13(2):129-136.
[14] Ardia D, Boudt K, Carl P, et al. Differential evolution with DEoptim: An application to non-convex portfolio optimization. The R Journal, 2011, 3(1): 27-34.
[15] Chauhan N, Ravi V, Chandra D K. Differential evolution trained wavelet neural networks: Application to bankruptcy prediction in banks. Expert Systems with Applications, 2009, 36(4): 7659-7665.
[16] Cai H R, Chung C Y, Wong K P. Application of differential evolution algorithm for transient stability constrained optimal power flow. IEEE Transactions on Power Systems, 2008, 23(2): 719-728.
[17] Kitayama S, Arakawa M, Yamazaki K. Differential evolution as the global optimization technique and its application to structural optimization. Applied Soft Computing, 2011, 11(4): 3792-3803.
[18] Fu Y, Ding M, Zhou C. Phase angle-encoded and quantum-behaved particle swarm optimization applied to three-dimensional route planning for UAV. IEEE Transactions on Systems, Man, and Cybernetics-Part A: Systems and Humans, 2011, 42(2): 511-526.
[19] Deb K, Pratap A, Agarwal S, et al. A fast and elitist multiobjective genetic algorithm: NSGA-II. IEEE Transactions on Evolutionary Computation, 2002, 6(2): 182-197.
[20] Jain A K, Murty M N, Flynn P J. Data clustering: A review. ACM Computing Surveys (CSUR), 1999, 31(3): 264-323.
[21] Selim S Z, Ismail M A. K-means-type algorithms: A generalized convergence theorem and

characterization of local optimality. IEEE Transactions on Pattern Analysis and Machine Intelligence, 1984 ,(1): 81-87.

[22] Krishna K, Murty M N. Genetic K-means algorithm. IEEE Transactions on Systems, Man, and Cybernetics, Part B (Cybernetics), 1999, 29(3): 433-439.

[23] Huang J Z, Ng M K, Rong H, et al. Automated variable weighting in k-means type clustering. IEEE Transactions on Pattern Analysis and Machine Intelligence, 2005, 27(5): 657-668.

[24] McKay M R, Smith P J, Suraweera H A, et al. On the mutual information distribution of OFDM-based spatial multiplexing: Exact variance and outage approximation. IEEE Transactions on Information Theory, 2008, 54(7): 3260-3278.

[25] Estévez P A, Tesmer M, Perez C A, et al. Normalized mutual information feature selection. IEEE Transactions on Neural Networks, 2009, 20(2): 189-201.

[26] Dirac P A M. On the theory of quantum mechanics// Proceedings of the Royal Society of London, London, 1926: 661-677.

[27] Sho S, Odanaka S, Hiroki A. A simulation study of short channel effects with a QET model based on Fermi-Dirac statistics and nonparabolicity for high-mobility MOSFETs. Journal of Computational Electronics, 2016, 15(1): 76-83.

[28] Darwin C. On the Origin of Species by Means of Natural Selection or the Preservation of Favoured Races in the Struggle for Life.New York: International Book, 1913.

[29] Buss D. Evolutionary psychology: The new science of the mind. London:Psychology, 2015.

[30] Chai Y, Miao C, Sun B, et al. Crowd science and engineering: Concept and research framework. International Journal of Crowd Science, 2017, 1(1):2-8.

[31] Park H S, Jun C H. A simple and fast algorithm for K-medoids clustering. Expert Systems with Applications, 2009, 36(2): 3336-3341.

[32] Yang Z, Ji W. A quality-time model of heterogeneous agents measure for crowd intelligence// IEEE International Symposium on Parallel and Distributed Processing with Applications, Exeter, 2020: 1264-1270.

[33] Wang H U, Li Z S. A simpler and more effective particle swarm optimization algorithm. Journal of Software, 2007, 18(4): 861-868.

[34] Gubbi J, Buyya R, Marusic S, et al. Internet of things (IoT): A vision, architectural elements, and future directions. Future Generation Computer Systems, 2013, 29(7): 1645-1660.

[35] Gachet D, de Buenaga M, Aparicio F, et al. Integrating internet of things and cloud computing for health services provisioning: The virtual cloud carer project//The Sixth International Conference on Innovative Mobile and Internet Services in Ubiquitous Computing, Seoul, 2012: 918-921.

[36] Martínez À O, Nielsen J Ø, De Carvalho E, et al. An experimental study of massive MIMO properties in 5G scenarios. IEEE Transactions on Antennas and Propagation, 2018, 66(12): 7206-7215.

[37] Zhou C. Application of NB technology in IoT//Data Processing Techniques and Applications for Cyber-Physical Systems, Singapore, 2020: 1299-1304.

[38] Gai K, Qiu M. Optimal resource allocation using reinforcement learning for IoT content-centric services. Applied Soft Computing, 2018, 70: 12-21.

[39] Chen Y, Li M, Chen P, et al. Survey of cross-technology communication for IoT heterogeneous devices. IET Communications, 2019, 13(12): 1709-1720.

[40] Ji W, Liang B, Wang Y, et al. Crowd V-IoE: Visual internet of everything architecture in AI-driven fog computing. IEEE Wireless Communications, 2020, 27(2): 51-57.

第 8 章　众智科学智能理论的场景应用

8.1　概　　述

随着人类进入网络时代，大数据、人工智能在不断提升人、机器、物品的智能，互联网、物联网、工业 4.0 等在不断增强人、企业、政府、智能机器人、智能物品之间的联结能力，云计算在不断强化智能体之间的交互能力。上述技术的发展使人、企业、政府、智能机器人、智能物品之间联结的深度、广度和方式不断拓展，进而形成大量众智网络系统，如电子商务平台、人机物三元融合的智慧城市、融合物联网的智慧医疗系统等。

众智网络系统不但具有规模大、联系紧密等特点，而且众多智能体均处于物理空间、意识空间与信息空间的三元深度融合空间中。在上述三元叠加的空间下，符合不同运动规律的物质、信息、意识相互作用与影响，使系统中的智能体行为结果表现出更加宽泛的对立统一特性。众智网络系统示意图如图 8.1 所示。智能体以各种方式相互连接、影响和交互。这些智能体的水平决定整个众智网络系统的智能水平。

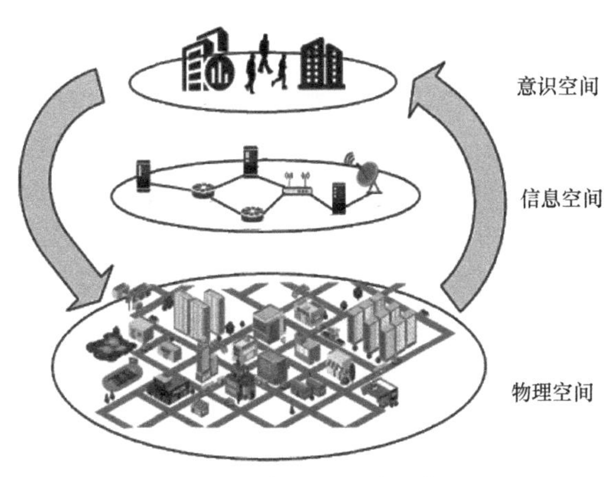

图 8.1　众智网络系统示意图

本章结合视频电子商务、智慧城市、医疗物联网、智慧交通这四个典型的众智网络系统场景，给出众智理论的具体应用方法。首先介绍这些众智网络系统的背景与需求，然后利用众智科学智能理论中的计算、分析与评价方法解决上述系统面临的实际问题。特别是，通过本章的内容，验证众智科学智能理论在一些典型应用场景中的有效性。

8.2 众智科学智能理论与视频电子商务

当前，许多移动网络运营商推出赞助数据计划，如美国的 AT&T[1]和 FreedomPop[2]，中国的中国移动[3]。赞助数据指一些视频内容提供商(content provider, CP)通过向运营商购买特定的流量，然后低价，甚至免费提供给手机用户，旨在提升自己的视频播放量和总体收益。赞助数据正在引领着数据定价、数据传输，以及终端用户(end user，EU)、CP 和服务提供商(service provider，SP)之间交互的革命。从全球移动数据的变化趋势来看，2015 年视频内容数据占 55%，而到 2020 年占移动数据总流量的 75%[4]。因此，不断增加的视频内容数据量导致传输数据进一步增加。基于定价的视频服务正在成为一种发展趋势，而传统的基于 QoS 的流量管理正逐渐减少。因此，赞助数据这种模式正在引发移动数据市场中流量消费方式的转变。在这种转变的过程中，重要的是分析主要的视频数据，并找到潜在的解决方案，以实现可获利的视频流量。尤其需要解决 CP、SP 和 EU 如何共同从赞助数据中获益的问题。目前，实现这种利益分享的主要技术困难有以下几点。

(1) 从赞助视频特性的角度来看，在当前的赞助数据系统中，CP 决定赞助哪些内容，然后支付相应的流量[5]。然而，多个视频内容通常显示不同的率失真特性[6]。这会影响每个内容广播的成本，给赞助视频数据带来复杂的定价问题。因为收益是视频 QoS 和视频应用带宽限制之间的权衡。

(2) 从用户的角度来看，当前无线广播系统的一个显著特征是用户在其设备(如智能手机、平板电脑、移动计算机)和各种订阅偏好方面具有高度的异构性[7]。最终的用户体验质量(quality of experience，QoE)变成价格和质量之间的权衡，因为 EU 以赞助或非赞助的方式订阅可变分辨率视频服务。因此，考虑异构 EU 组对支持现实无线视频广播系统的不同需求，添加定价方案将导致更复杂的系统。

(3) 从收益的角度来看，视频内容通常以相对较高的比特率分层传输。在考虑异构特性的无线传输中使用可伸缩分层视频时，广播系统的总效用最大化是一个不确定的 NP-hard 问题[8]。在无线视频广播系统中，流量资源的合理分配显得尤为重要。流媒体应用程序会产生更高的成本，特别是赞助的视频数据。因此，只有在谨慎的联合定价和资源配置政策下才能产生收益。这对双边市场来说是一项具有挑战性的任务[9]。因为 SP 中有限的带宽资源、CP 的严格成本限制，以及 EU 提供的各种 QoE 保证，所以到 EU 的视频数据传输是与双边市场中的三方紧密相关的。

在赞助数据市场中，定制付款服务以每次使用的成本向 EU 提供价格更低或免费的视频内容。这对 CP 来说是一个挑战，因为高质量视频产生的更高成本由 CP 支付。传统的赞助数据模型[10]表明，CP 只有在不提供 QoS 组件的情况下才能增加收益。如果 CP 赞助这些数据会吸引更多的流量，要么是因为更多的用户加入，要么是因为每个用户下载的数据量更大。然而，具有异构 EU 要求的赞助视频数据面临着过度的数据使用和差异化的 QoE 支持。这导致内容感知定价，以及 QoE 驱动的传输需求。在赞助视频服务中，CP、SP 和 EU 之间的交互建模仍然缺少一个关键环节。现有的常规数据服务方法在应用于赞助数据中的视频传输时面临着巨大的挑战。在双边市场中，SP、CP、EU 之间的内部和外部竞争变得更加复杂，因为更大的视频带宽会大大增加成本。当三方受益于赞助数据时，在参数化系统中基于收益分解模型的定价和传输设计会变得更加复杂。

得益于众智科学智能理论的研究，我们主要讨论如何在众智机理的作用下使赞助视频的总收益最大化，并提出一种基于众智网络的无线视频传输系统优化框架。首先，我们将 SP、CP 和 EU 等异质异构的智能主体嵌入众智网络。然后，基于众智互联的方法和规则分别针对 SP、CP 和 EU 建立视频电子商务中无线视频传输的赞助数据模型。在多个智能主体的赞助数据模型的基础上，我们通过引入子模函数构建双边市场的分层视频传输模型，通过子模理论对 NP-hard 分层视频广播问题进行近似处理，提出一个收益最大化框架。该框架在众智机理和众智网络的帮助下可以优化赞助用户数量、定价和带宽供应，使 SP 的收益最大化，同时提高 CP 的收益，保证 EU 的 QoE。为了验证方法的有效性，我们对不同的定价方案进行实验。相关的实验仿真结果表明，我们提出的方法能在较宽的传输速率范围内实现 SP 和 CP 的最大收益。

8.2.1　相关工作

在 SP 方面，由于无线网络的容量是有限的，SP 通常控制网络传输的内容量，可以通过定价和相应的资源分配策略实现收益最大化。SP 通常以三种不同的方式管理和控制其资源。一是，SP 制定复杂的定价策略增加收入[11]。这些定价方案[12]目前已在全球范围内的消费者数据计划中实施。典型的定价方案有基于用途的、时间相关的[13,14]和基于数据本身的[15]。由于 SP 主要关注如何将流量转化为货币，因此长期以来，统一费率定价和基于使用情况的定价方案一直主导着市场。虽然统一费率定价可以降低低带宽用户的利用率，但动态定价[16]会增加灵活的带宽消耗。为了解决日益严重的网络拥塞，基于时间的定价鼓励用户在经济的时间间隔内消费数据[17]。相比之下，对于多个互联网的 SP 向定制 SP 和 EU 提供接入服务的情况，Wu 等[9]提出互联网 SP 之间的收入分享合同，并以自我激励的方式使社会收益最大化。该方案将互联网 SP 建模为一个供应链，每个 SP 都遵循一个分割因子过程，从而实现收益均衡。二是，运用经济手段提高资源利用率。SP的主要目标是将资源分配给当前和未来的 EU，以最大化特定的效用，如收入[18]、容量利用率、EU 满意度[19]、传输功率[20]、频谱重用[21]等。最近一份关于带宽分配的报告表明，基于定价的控制有利于降低带宽预留，特别是对于连续视频流服务[22]。价格引导程序[23]根据不同用户对视频质量的偏好重新分配带宽。该方法显示了在认知无线电场景下，视频流应用的稳定性优势。在这种情况下，可用带宽经常在很宽的范围内波动。三是，由于移动广告的收入持续快速增长，SP 在扩展应用内广告或免费应用程序商业模式[24]。例如，顶级应用程序服务提供商通过向用户提供有效的目标广告创造巨大的收入。文献[25]介绍了一种用于交互式网络电视系统中向用户插入个性化广告的调度方法。通过智能地将广告定位到具有异构设备的用户，可能产生新的收入流。一些工作[26]研究了在无线视频广播网络中，如何通过广告插入提高 SP 的收益。当前的网络和市场呈现出复杂、快速、大规模和混乱的变化，这使它们成为多媒体和网络系统中越来越重要的组成部分。例如，网络市场的动态实时定价、多媒体应用市场的自动交易、免费增值应用程序的货币化和用户平衡、竞争市场中的移动应用广告。这些变化也从根本上影响了信息技术，特别是在多媒体和网络系统方面。在 CP 方面，与 SP 的方法相比，CP 参与网络设计，受到相当的研究关注[27]。CP 的参与有可能使 EU 和 SP 受益，因为它增加了 EU 的订阅数量，并随着 EU 需求的增加吸引更多的流量。CP 参与的大多数研究[28]都讨论了负载的减少和资源的分配[29]。在双边市场方面，SP 正在测试一种商业模式，即允许 CP 贴补 EU 接入互联网的费用[30]。

随着流量的增长，SP 开始在网络营销中探索更多的交易数据计划，以便通过扩大网络利用率创造更多的收入。发掘更多收入的一个选择是挖掘潜力，并从 CP 处获取更多的额外收入。2014 年，AT&T 实施赞助内容的理念，并向移动数据市场推出一种新的数据定价方案，即赞助数据。这个数据计划允许 CP 补贴用户的移动数据成本。当 SP 引入赞助内容时，会从 CP 获得有关附加 EU 订阅价值的信息。SP 根据内容价值和价格确定哪个 CP 值得开通赞助数据服务[31]。一个最近的研究[32]讨论了当 SP 和 CP 在蜂窝网络中共享收入时，如何确保赞助内容的 QoS。当前的相关研究[33]指出，需要在赞助内容网络中提供智能数据定价和时间依赖定价，因为这两种方案在拥塞管理方面显示出优势。然而，目前的大多数研究很少考虑 CP 的真正收益[34-36]。同时，随着视频数据和由此产生的需求不断增加，分析视频内容中的赞助数据模型非常重要。基于上述分析，我们将众智机理用于无线传输系统中的赞助视频数据。在众智网络和互联规则的基础上，针对移动视频广播系统中的收益最大化问题，在 SP、CP 和 EU 之间设计一种高效的赞助数据驱动解决方案[37]。

8.2.2 应用的系统模型

本节重点介绍赞助数据生态系统中的无线视频广播系统。SP 将 CP 提供的视频内容传输到异构 EU。SP 提供两种类型的数据管道，其中一个管道是赞助的视频服务，EU 以免费模式观看视频，CP 支付 EU 消耗的所有流量。另一个管道是非赞助视频服务，EU 向 SP 支付流量，并向 CP 支付潜在版权。首先描述视频广播系统中赞助数据的特点，然后介绍 EU 和盈利模式。SP、CP 和 EU 之间的基本关系如图 8.2 所示。为了便于参考，我们在表 8.1 中总结了重要数学符号。

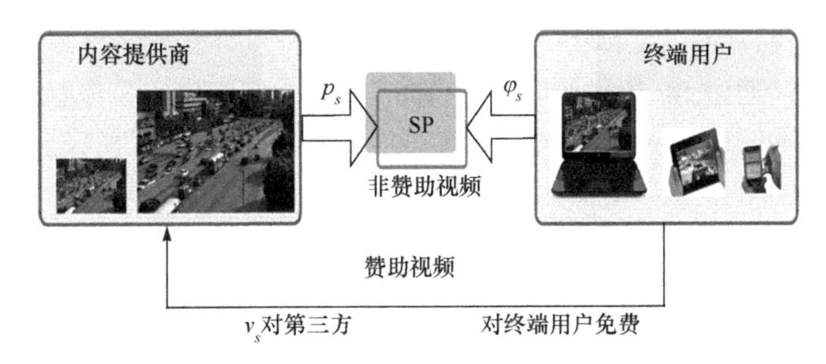

图 8.2　SP、CP 和 EU 之间的基本关系[29]

表 8.1　重要数学符号[29]

符号	含义
S	由字母 s 索引的视频内容集合
N	由字母 n 索引的视频内容集合
r_s	视频 s 的源码率
p_s	每单位赞助带宽的费用
v_s	向 CP 支付的订阅价格
φ_s	向 SP 支付的流量价格
U_s^{CP}	成功传输后 CP 的收入
U_s^{EU}	EU 的用户 QoE 表现
U_s^{SP}	EU 的收入
$n_s^{\text{CP-S}}$	内容 s 免费情况下的观看者数量
P_s^{CP}	CP 的收益
P^{CP}	CP 的收益函数
P_s^{SP}	SP 的收益
P^{SP}	SP 的收益函数

续表

符号	含义
P_s^{EU}	EU 的收益
P^{EU}	EU 的收益函数
γ_s	非赞助模式下的观看者比例
C_s^{EU}	非赞助用户的花费
C_s^{SP}	SP 的花费

考虑最新的赞助数据模型[10,31]，它描述典型的赞助数据服务(图 8.3)与众智网络关系图。EU 通过 SP 提供的服务平台向 CP 请求视频内容。考虑一组 $S=\{1,\cdots,s,\cdots,S\}$的内容和一组 $N=\{N_1,\cdots,N_s,\ \cdots,N_S\}$的用户。在赞助数据模式下，内容 $s\in S$ 对 EU 是免费的，SP 从 CP 处收取每赞助单位带宽为 p_s 的费用。

结合众智机理，我们从智能主体获得收益回报的增量角度进行分析。为解决可分级的资源分配和定价问题，基于众智网络，针对 CP、SP 和 EU 等异构智能体分别提出有效的经济学模型。

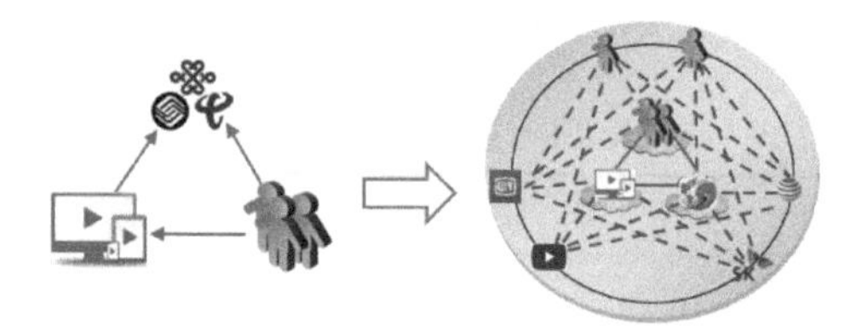

图 8.3　SP、CP、EU 与众智网络的关系图[29]

当内容成功传输到 EU 时，U_s^{CP} 是 CP 的收入，包括两部分。对于来自赞助的 EU，定义 $n_s^{\text{CP-S}}$ 为 EU 完全免费时观看的用户数。由于 CP 运营的业务涉及 SP 平台，CP 向 SP 支付赞助视频内容的流量消耗，R_s 为视频的源速率，CP 的成本为

$$C_s^{\mathrm{CP}} = p_s r_s n_s^{\text{CP-S}} \tag{8.1}$$

对于 EU 要求免费模式的内容，对第三方，如广告或商业公司，向 CP 支付此订阅的价格 v_s。非赞助 EU 的数量为 $n_s - n_s^{\text{CP-S}}$。定义γ_s为内容潜在观看用户的比例，如果没有赞助，当 CP 提供服务时，收入U^{CP} 为

$$U_s^{\mathrm{CP}} = v_s\left[n_s^{\text{CP-S}} + \gamma_s\left(N_s - n_s^{\text{CP-S}}\right)\right] \tag{8.2}$$

因此，CP 的收益 P^{CP} 为

$$P_s^{\mathrm{CP}} = v_s\left[n_s^{\text{CP-S}} + \gamma_s\left(N_s - n_s^{\text{CP-S}}\right)\right] - p_s r_s n_s^{\text{CP-S}} \tag{8.3}$$

由于 EU 包括赞助用户和非赞助用户，因此只有非赞助 EU 应向 SP 支付 $\varphi_s r_s$。非赞助 EU 的成本为

$$C_S^{\mathrm{EU}} = \varphi_s r_s \tag{8.4}$$

对 EU 来说，费用与 EU 的 QoE 是相辅相成的，因此性价比高的视频服务更能吸引 EU 的关注。基于这些观察结果，我们设计了一个具有成本效益的 QoE 函数，从 EU 的角度对收益进行建模。值得注意的是，由于用户体验是主观感受，因此难以精确量化 QoE。尽管存在这样的困难，相关文献表明 QoE 建模涉及以下三个参数。第一个是视频质量。第二个是内容服务类型 c_s 参数化的 EU 订阅数。这是因为用户在观看高清视频和直播视频时，可能有更高的期望值。第三个是个人偏好 α_s。观察表明，当用户选择喜欢的低质量视频时，对 SP 的态度变得更加宽容。除了上述典型的 QoE 参数，有些研究[10,38]也建议考虑两个新的因素，一是公平，二是赞助数据要求。随着 EU 指数增长，这两个因素变得重要。为了反映现有网络中的这些因素，EU 可以改写为

$$U_S^{\mathrm{EU}} = c_s \frac{r_s^{1-\alpha_s}}{1-\alpha_s} \tag{8.5}$$

其中，$\alpha_s \in [0,1)$；c_s 为正公平因子。

受经济分析中成本效益分析方法[39]的启发，我们建立了非赞助 EU 的成本效益 QoE 模型，即 QoE 绩效与相应成本之间的比率，即

$$P_S^{\mathrm{EU}} = \frac{c_s \dfrac{r_s^{1-\alpha_s}}{1-\alpha_s}}{\varphi_s r_s} \tag{8.6}$$

由于 CP 提供的赞助数据和 EU 的流量消耗，SP 同时对 CP 的单位内容价格 p_s 和 EU 的流量单价 ϕ_s 进行控制，EU 和 SP 之间的链路成本为单位码率 w_s。由于 EU 包括赞助和非赞助两种，因此内容的成本可分为原始观看者和取得赞助服务的观看者。SP 的成本为

$$C_S^{\mathrm{SP}} = \omega_s r_s \left[n_s^{\mathrm{CP\text{-}S}} + \gamma_s \left(N_s - n_s^{\mathrm{CP\text{-}S}} \right) \right] \tag{8.7}$$

其中，$\gamma_s \in (0,1]$ 为以非赞助模式潜在观看者的比例。

SP 通过成功提供传输服务，利用 EU 和 CP 之间的互动获得收入。因此，SP 的收入包括两个部分，即

$$U_S^{\mathrm{SP}} = \varphi_s r_s (1-\gamma_s) \left(N_s - n_s^{\mathrm{CP\text{-}S}} \right) + p_s r_s n_s^{\mathrm{CP\text{-}S}} \tag{8.8}$$

从式(8.8)减去式(8.7)，SP 的收益为

$$P_S^{\mathrm{SP}} = \varphi_s r_s (1-\gamma_s) \left(N_s - n_s^{\mathrm{CP\text{-}S}} \right) + p_s r_s n_s^{\mathrm{CP\text{-}S}} - \omega_s r_s \left[n_s^{\mathrm{CP\text{-}S}} + \gamma_s \left(N_s - n_s^{\mathrm{CP\text{-}S}} \right) \right] \tag{8.9}$$

接下来，我们将上述赞助数据模式引入无线视频广播系统，根据不同的显示设备和赞助要求，向异构 EU 广播多个视频内容。一组视频内容被广播到 EU 的集合 N。由于 EU 可以自由选择感兴趣的赞助视频内容，CP 的目标是最大化总视

频内容的盈余之和，而不是单个视频内容。盈余包括一般服务和赞助服务。CP 的目标是在给定的流量预算下使收益最大化，即

$$\max \sum_{s=1}^{S} v_s \left[n_s^{\text{CP-S}} + \gamma_s \left(N_s - n_s^{\text{CP-S}} \right) \right] - p_s r_s n_s^{\text{CP-S}} \tag{8.10}$$

$$\text{s.t.} \quad \sum_{s=1}^{S} r_s \left[n_s^{\text{CP-S}} + \gamma_s \left(N_s - n_s^{\text{CP-S}} \right) \right] \leqslant R_{\text{budget}}^{\text{CP}} \tag{8.11}$$

$$\text{var.} \quad p_s, r_s \tag{8.12}$$

式(8.11)表明，CP 提供的赞助数据总额不应超出预算 $R_{\text{budget}}^{\text{CP}}$。非 EU 赞助的方式要求以非赞助方式提供视频。由于赞助视频属于限制观看质量的限定质量计划，EU 可以灵活选择高清视频服务。如果视频内容不受赞助，那么潜在浏览量就会减少。因此，实际支付 EU 的数量为 $(1-\gamma_s)(N_s - n_s^{\text{CP-S}})$。EU 通过从 SP 购买资源来最大化他们的满意度。满意度是一个具有成本效益的 QoE 结果。考虑多流和多用户场景中的公平性[40-42]，基于式(8.6)，在多个 EU 中，最大化具有花费效益 QoE 的 P^{EU} 问题如下，即

$$\max \frac{\sum_{s=1}^{S} N_s c_s \dfrac{r_s^{1-\alpha_s}}{1-\alpha_s}}{\sum_{s=1}^{S} \varphi_s r_s (1-\gamma_s) \left(N_s - n_s^{\text{CP-S}} \right)} \tag{8.13}$$

$$\text{s.t.} \quad \sum_{s=1}^{S} r_s \left[(1-\gamma_s) \left(N_s - n_s^{\text{CP-S}} \right) \right] \leqslant R_{\text{budget}}^{\text{EU}} \tag{8.14}$$

$$P_s^{\text{EU}} \geqslant P_{\text{budget}}^{\text{-EU}} \tag{8.15}$$

$$\text{var.} \quad p_s, r_s, n_s^{\text{CP-S}} \tag{8.16}$$

其中，式(8.14)表示 EU 层面的可用带宽；式(8.15)可以保证消费者对赞助用户和非赞助用户都有基本的 QoS；CP 用来控制赞助比例。

SP 的收益最大化以回收赞助和非赞助情景下的容量和服务成本为前提，即

$$\max \sum_{s=1}^{S} \left\{ \varphi_s r_s (1-\gamma_s) \left(N_s - n_s^{\text{CP-S}} \right) + p_s r_s n_s^{\text{CP-S}} - \omega_s r_s \left[n_s^{\text{CP-S}} + \gamma_s \left(N_s - n_s^{\text{CP-S}} \right) \right] \right\} \tag{8.17}$$

$$\text{s.t.} \quad \sum_{s=1}^{S} r_s N_s \leqslant R_{\text{budget}}^{\text{SP}} \tag{8.18}$$

$$\text{var.} \quad p_s, r_s \tag{8.19}$$

其中，式(8.18)表示 SP 提供赞助和非赞助服务的能力不应超过其带宽限制 $R_{\text{budget}}^{\text{SP}}$，即 $R_{\text{budget}}^{\text{CP}} + R_{\text{budget}}^{\text{EU}} \leqslant R_{\text{budget}}^{\text{SP}}$。

上述问题最终形成一个多目标优化问题，多用户视频广播系统中的效用最大

化是一个不确定的 NP-hard 问题[8]。在这项工作中，视频流分为两类服务。每个视频流将提供服务多样性，以便生成赞助和非赞助服务。业务的多样性导致单内容广播中的两个最大值点和多个内容广播系统中的多峰值点。因此，我们使用子模块化来捕捉视频传输系统中由服务分集产生的多峰值现象。我们使用子模块理论有三个原因。第一，拟阵理论框架在解决无线网络[43]、多用户传输系统[44]和收益最大化问题的双边市场[45]中被证明是有效和强大的。子模性是拟阵理论的核心性质。它可以为收益最大化问题的组合版本提供原始的表示和模型。第二，子模块功能意味着激励兼容机制和巨大的效用，如社会网络上的成本分担和营销[46]。这些特性有助于为收益驱动的视频传输系统找到一个最佳解决方案。第三，对于子模表示下的 NP-hard 和不可逼近问题，可以得到子模函数极小化的组合多项式算法[47]。子模函数极小化的 Fujishige 最小范数点算法[48]可以给出一般子模函数的最佳经验性能。子模块化理论在实际应用中可能是缓慢的，即使它仍然是一个指数时间复杂度。最近的一项研究[49]证明，最小范数点算法可以在 t 次迭代中得到任意多面体的 $O(1/t)$近似解，并在 R^n 中给出基多面体的 $O(1/n^2)$近似解。结论表明，对于无约束子模函数极小化，其复杂度可降低到伪多项式时间。另外，相关研究[50]表明，对于子模集覆盖问题，偶贪婪算法的复杂度与原始贪婪算法的复杂度相同。这一结论表明，子模极小化的优点可以应用于具有相同复杂度的子模式下的最大化问题。因此，子模块理论为解决上述 NP-hard 分层视频广播问题提供了可能的途径。详细的公式推导和定理证明可以参考文献[37]。在保证 CP 和 EU 一定收益的情况下，我们设计了如下 SP 收益最大化近似算法(算法 8.1)[37]。

算法 8.1　保证 CP 和 EU 收益下 SP 收益最大化近似算法

1: 初始化:

　　$f(r_s)=P^{\mathrm{SP}}(r_s)/r_s$ <= Theorem 12

　　Δr 为 r_s 的步长

　　$r=\{r_s \mid r_s=0, 1\leqslant s\leqslant S\}$

2:边际效益计算

　　for $s\in S$　$\Gamma'(r_s)=\dfrac{\partial f(r_s)}{\partial r_s}$.

　　　　if $\Gamma'(r_s)=0$ 且 $r_s<R_{\mathrm{budget}}^{\mathrm{SP}}$

　　　　　　$s^*=\operatorname{argmax}_{s\in S}\Gamma_r'(r_s)$ <= Threorem 10

　　　　else if $\Gamma_r'(r_s)\neq 0$

　　　　　　$r_s=r_s+\Delta r$ <= Threorem 9,11.

　　　　else

　　　　　　$S=S\setminus s^*$.

　　end for $S=\varnothing$, $r_s-R_{\mathrm{budget}}^{\mathrm{SP}}\geqslant 0$.

3: 结果

　　$S^*, R^*, P^{\mathrm{SP}*}$

对于多目标优化问题，将可实现解转化为保证 CP 和 EU，分别获得最小保证收益 $P_{\min}^{\mathrm{CP}}$ 和 $P_{\min}^{\mathrm{EU}}$，同时使 SP 的收益最大化。我们把这个推论推广到一个对偶解。当 $P_{\min}^{\mathrm{CP}}$ 最大化时，解最小分配率。我们使用算法 8.2 计算问题的可行速率区域[37]。

算法 8.2　保证 CP 收益下的最大化最小利润算法

1: 初始化

　Define $P_{\min}^{\mathrm{CP}}(r_s)$ as the guaranteed profit.

　Objective: $\arg_{r_s}\min P^{\mathrm{CP}}(r_s)-P_{\min}^{\mathrm{CP}}(r_s)\geqslant 0$

　Let T be a set of content index, $T=\{S\}$

2: 保证收益的计算

　for $s\in S$ 计算 $\Gamma'(r_s)=\dfrac{\partial f(r_s)}{\partial r_s}$

　　if $P^{\mathrm{CP}}(r_s)<P_{\min}^{\mathrm{CP}}(r_s)$ and $r_s<R_{\mathrm{budget}}^{\mathrm{SP}}$

　　　$s^*=\mathrm{argmin}_{s\in S}\Gamma_r'(r_s)$；

　　　$T=T\cup\{S\}$；

　　　$(y,a)=\mathrm{AffineMinimizer}(P^{\mathrm{CP}}(r_s),s\in T)$；

　　　$y=\arg_{P^{\mathrm{CP}}\in\mathrm{Aff}(s)}\min\|P^{\mathrm{CP}}\|$；

　　　　$s^*=\arg_s\min a_s$；

　　else if $\Gamma_r'(r_s)\neq 0$

　　　$r_s=r_s+\Delta r$

　　else

　　　$S=S\setminus s^*$

　end for $P^{\mathrm{CP}}(r_s)-P_{\min}^{\mathrm{CP}}(r_s)\geqslant 0$； $S=\varnothing$； $r_s-R_{\mathrm{budget}}^{\mathrm{SP}}\geqslant 0$

3: 结果

　$S^*,P^{\mathrm{SP}*}$

8.2.3　实例应用分析

我们通过分析一个简单的无线视频广播网络在双边市场中的应用，给出数值例子。此外，比较赞助数据和非赞助数据的案例，说明如何使用上述章节提出的模型获得最佳收益。在我们的实验中，考虑图 8.1 中的设置，其中市场包含一个 SP 和多个 CP，每个 CP 管理一个视频内容。SP 通过内容和带宽的价格向 EU 收费并为移动 EU 在视频广播期间提供服务。视频内容由三个 CP 单独提供和版权。我们使用 H.265/HEVC 可伸缩扩展(如 SHVC、SHM12.0)[51]视频编码器生成具有基本层(basic layer，BL)和增强层(enhancement layer，EL)的分层视频流，为异构设备提供可伸缩性支持。假设系统广播三个标准的视频序列，分别由 CP1、CP2 和 CP3 收费。EU 请求以赞助或非赞助模式提供不同视频内容的服务。视频内容的详细参数表如表 8.2 所示。

表 8.2　视频内容的详细参数表[29]

参数	序列		
	Traffic	PeopleOnStreet	BQTerrace
帧速/(帧/秒)	30	30	60
BL 分辨率/像素	1280×800	1280×1600	960×540
EL 分辨率/像素	2560×1600	2560×1600	1920×1080
BL 率/(Kbit/s)	4096.19	14288.6	3461.99
EL 率/(Kbit/s)	11634.20	24863.64	39489.72

针对视频广播系统的传输问题，我们首先研究单一内容广播的效能。在一定的 P_s^{CP} 和 P_s^{EU} 保证下，内容 S 的最大收益 P_s^{SP} 如图 8.4 所示。由于 P_s^{SP} 依赖 γ_s 和 $n_s^{*\text{CP-S}}$，我们进一步研究这两个参数对变量 p_s 的影响。图 8.5 所示为最大化 P_s^{SP} 下 γ_s 的变化。CP 自适应地调整赞助数据 γ_s 的比例，以最大化 P_s^{SP} 并保证一定的 P_s^{CP}。图 8.6 给出了最大化 P_s^{SP} 下的 $n_s^{\text{CP-S}}$ 的变化。$n_s^{*\text{CP-S}}$ 在 p_s 增加时增长缓慢，因为流量增加会增加成本负担。

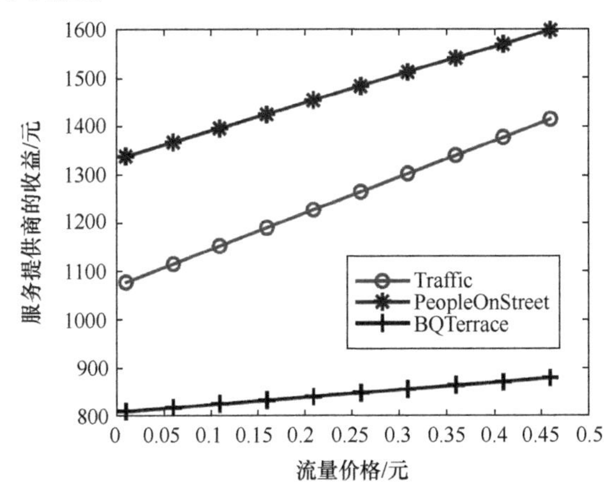

图 8.4　一定的 P_s^{CP} 和 P_s^{EU} 保证下每种内容的最大收益 P_s^{SP} [29]

接下来，我们研究整个多视频内容广播系统的性能，并将提出的方法与常用的经济方案进行比较，即没有赞助商的情况(记为 WS)。然后，在三个赞助数据案例中分析优化方案。

(1) WS(方案 1)。在最新的传输设计中，比较没有赞助数据的方案。

(2) 贪婪(方案 2)。我们应用贪婪算法[26]实现最优收益。在该算法中，SP 在有限的可用带宽下调整速率分配，通过提供多内容服务获得最大收益。该方案通过将有限的带宽资源分配给边际收益较大的内容，使 SP 的收益最大化。基于子

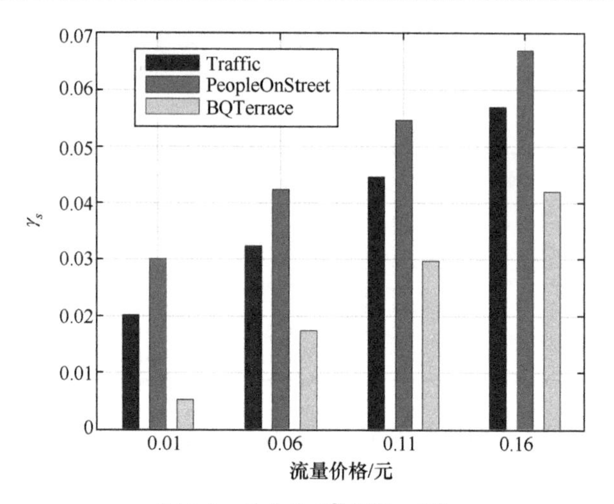

图 8.5　最大化 P_s^{SP} 下的 γ_s[29]

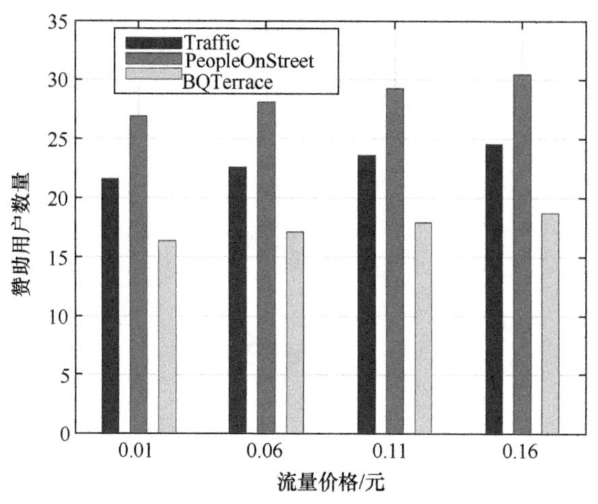

图 8.6　在最大化 P_s^{SP} 下的 $n_s^{\mathrm{CP\text{-}S}}$ [29]

模理论的贪心算法被证明是无约束问题的最优解。在带宽约束问题中，我们采用贪婪启发式方法。约束条件下基于子模理论的贪婪算法在理论上被证明是一个NP-hard 问题。

(3) CELF(方案 3)。这个方案[52]利用子模的性质获得接近最优解的解。此外，我们还开发了一种经济有效的延迟前向选择(cost-effective lazy forward selection，CELF)近似算法，获得一个近似最优解，在视频传输与赞助数据问题中实现 CELF，在多项式时间内获得至少一个常数的最优解。

(4) SubM(方案 4)。本章提出一种基于赞助数据的多视频内容传输系统。该框架采用子模块理论嵌入多峰优化。

图 8.7～图 8.9 所示为上述四种方案下 SP、CP 和 EU 的收益。方案 1 使 SP 处于最高收益水平，但取消了 CP 的收益。相反，其他三个方案可以保证 CP 的收益。在双边市场中，片面的收益(如不考虑 CP)对长期经营没有好处，因此基于赞助人的方案产生了双赢的结果，这些方案可以为 SP 和 CP 提供持续的盈利能力。对于三个以赞助人为基础的方案 2～4，方案 4 可以为 SP 带来更高的收益。从 EU 的角度来看，赞助数据的收益率大于非赞助案例。这意味着，更好的成本效益 QoE 可能会激励更多的 EU 和更多的消费，因为用户将在赞助数据中享受免费服务。因此，方案 4 比其他三种方案更有效。

实验表明，通过实施基于子模块优化的赞助数据调整和资源分配，可以有效地实现双边市场中 SP 的收益最大化。

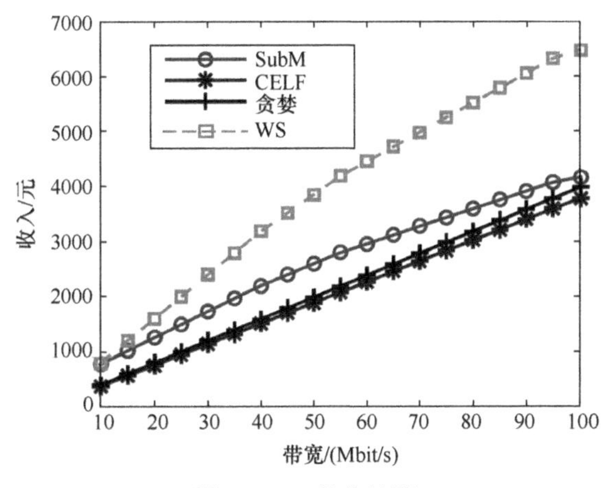

图 8.7　SP 的收益[29]

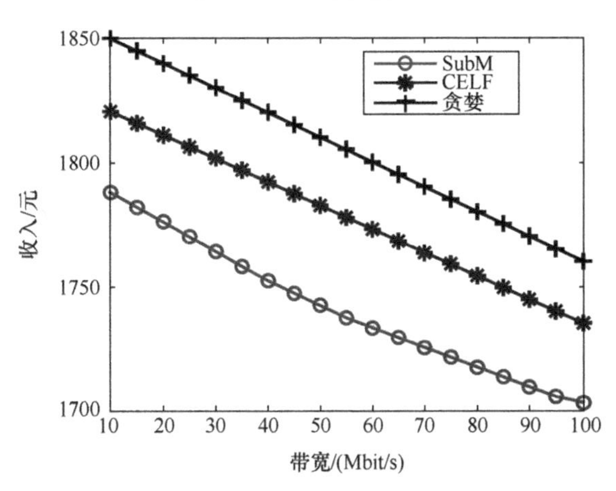

图 8.8　CP 的收益[29]

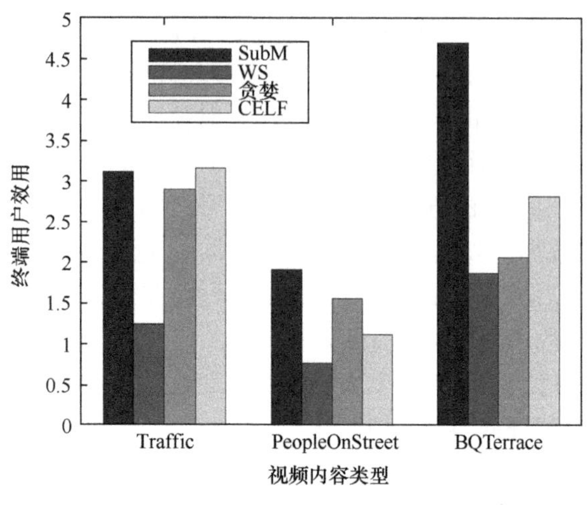

图 8.9　EU 的收益[29]

8.3　众智科学智能理论与智慧城市

随着物联网的发展，为实现智慧城市的各种应用，预计将有数十亿台设备连接到有线和无线网络。随着移动网络中物联网的规模和种类的不断增加，在设备级别而不是在连接级别对流量进行建模变得非常重要。这是因为视觉传感器被广泛嵌入设备，所以可应用于各种应用，如移动监视、娱乐、无人地面车辆、无人机等[53,54]。由于对视觉数据的感知和处理的需要，可视物联网在很大程度上依赖视频处理技术。最近制造业小型化的发展使物联网设备可以轻松地装载到无人驾驶飞机和车辆上。由于其尺寸小型化和设计轻巧，因此无人驾驶飞机和车辆可以到达人类无法到达的地区。视觉物联网在智能城市有广阔的前景。尽管物联网设备具有小型化的优点，但是物联网设备仍然面临着新的问题，包括延迟长、可靠性差、拥塞严重、能耗高等问题。在城市地区直接部署现有物联网系统具有如下困难。

(1) 物联网设备的可视化数据采集效率低。

对于大量的视频数据，需要一种高效、快速的压缩编码方法来提供高性能的计算。快速增长的互联事物正在以指数级的速度创建数据[55]。众所周知，视频占移动数据总流量的近 60%[56]。物联网正面临越来越大的数据挑战，这对视觉应用提出新的要求。显然，由于固化的设计，目前最先进的视频编解码器只有简单的控制能力。此外，物联网设备有限的尺寸和重量严重限制了其自适应性能。因此，如何在极端功率限制下进行视觉处理，快速、灵活地生成视频仍是物联网设备尚未解决的问题。

(2) 物联网设备的多样性。

物联网设备的多样性导致性能的显著差异。例如，不同类型的设备在计算速度、存储容量、连接方式等方面存在很大的差异。因此，不同设备之间的可视传输存在严重的兼容性问题。如前所述，物联网设备通常被嵌入不同的载体中。这意味着，工作环境因应用而异，这给物联网设备上的视觉传输带来自然环境挑战。

(3) 面向可视物联网通信的边缘计算。

对于下一代内容分发网络，“边缘云”结构可以提高可扩展性。这种结构由大量高性能的设备组成。然而，异构网络上的物联网视频通信很难实现，因为它需要满足资源有限的终端系统的严格要求(如低功耗和低可用带宽)。对于可视物联网，带宽和功耗方面的问题可能会变得更糟。此外，还应考虑边缘计算的增强可扩展架构。例如，如何设计一个高效和分布式的物联网架构，以提供复杂和延迟敏感的多媒体传输，快速部署和重组大规模设备。

(4) 复杂优化的智能控制。

当前可视物联网设计中的视频流仍然需要克服以下问题。在源端，视频特征包括源速率、分辨率、帧速率、颜色信息、内容、虚拟现实深度等。在传输端，视频流受到可用带宽、传输速率、丢失率、误码率、抖动、延迟、同步等的影响。在设备端，视频受显示器、访问能力、冻结时间、节能模式、电池、计算能力等因素的影响。在用户端，包括价格、操作模式、视觉质量、交互方式、紧迫性、广告、熟悉度、习惯、偏好等因素。这些需求由一个复杂的控制域组成，所有的目标和条件都应该参数化，以满足不同的需求。

(5) 面向社交扩展的可视物联网。

用户生成的内容和在线社交网络的快速激增产生了大量的社交多媒体[57]。社交多媒体不同于传统的多媒体，社会关系和用户偏好主要影响传输路径、分配、存储和安全[58]。在社会物联网中，为了提高性能，往往需要在边缘进行移动协同传输。当考虑用户的社会特性并将其嵌入传输中时，可以在视频分发期间进一步降低社交物联网的延迟，从而提高网络资源和用户体验的利用率。为了在异构物联网设备上支持社会多媒体的高效分布式存储和传输，特别是大容量视频数据处理的协同性能，需要系统的设计和有效的解决方案。

在一个智慧城市中，大量的视觉数据可能来自许多地方，从物理实体(如传感器、无人驾驶车辆和基础设施)到网络虚拟实体(如社交媒体)。在这样一个由虚拟现实和物理现实交织而成的复杂系统中，人们不禁要问：可视物联网能否很好地使用在各种无处不在的环境中，尤其是在人类无法接近的地方，如空中区域和管道系统。物联网应用能否支持大规模的可视数据处理，同时满足超低功耗和有限尺寸的限制，例如边缘实时视频分析和小型化设备中的视频特征提取。一群近距离智能物联网设备能否协同完成单个设备无法完成的复杂任务，例如城市监控的全覆盖和延迟敏感的实时事件应用。

为了解决上述问题，本节提出一种新型框架，即灵活视觉物联网(astute visual IoT , A-VIoT)框架。该框架系统包括六个关键组件，即智能传感层、智能处理层、软件定义视频层、灵活控制层、经济传输层和众协作层。通过该框架，可以有效利用网络资源，改善资源利用方式，提升众智网络所有智能主体的协作性能，并通过对智慧城市系统采用众智的方法进行有效的管控。A-VIoT 框架是一个灵活且先进的可视物联网(visual IoT，VIoT)系统。其特点是环境适应能力和计算与通信之间的智能平衡。其目的是构建一个虚拟地图，以允许物联网设备“看到”周围环境。智慧城市的 A-VIoT 概念图如图 8.10 所示。智能平衡能力使物联网设备自适应资源量，在当前可用的物联网设备之间执行任务。A-VIoT 是一个协作系统，具有可伸缩性和适应性，适合高度动态的环境。它可以有效地重组现有的可用资源，以便跨多个异构物联网设备进行动态计算。因此，它支持各种类型的不利环境。目标是在有效性、效率、可伸缩性和适应性方面实现先进的 VIoT 系统。为了解决受限资源下可视物联网端到端性能低下的问题，我们通过众智科学智能理论方法管理多智能主体来提升智能主体之间的协作能力，提升大规模 VIoT 主体的众智水平，提高大规模城市物联网系统的智能化程度[59]。

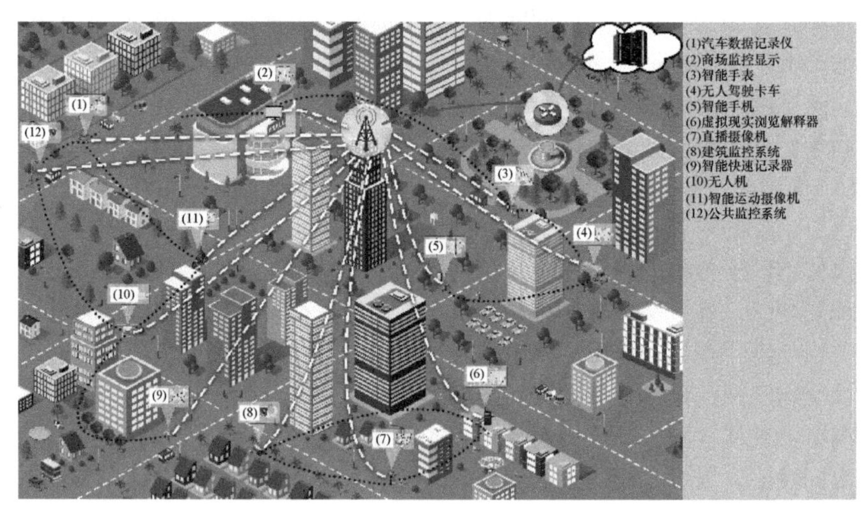

图 8.10　智慧城市的 A-VIoT 概念图[59]

8.3.1　系统架构

A-VIoT 系统框架图如图 8.11 所示。通过交叉控制和优化，每个 VIoT 设备和群组 VIoT 设备一起竞争大量复杂和困难的任务。

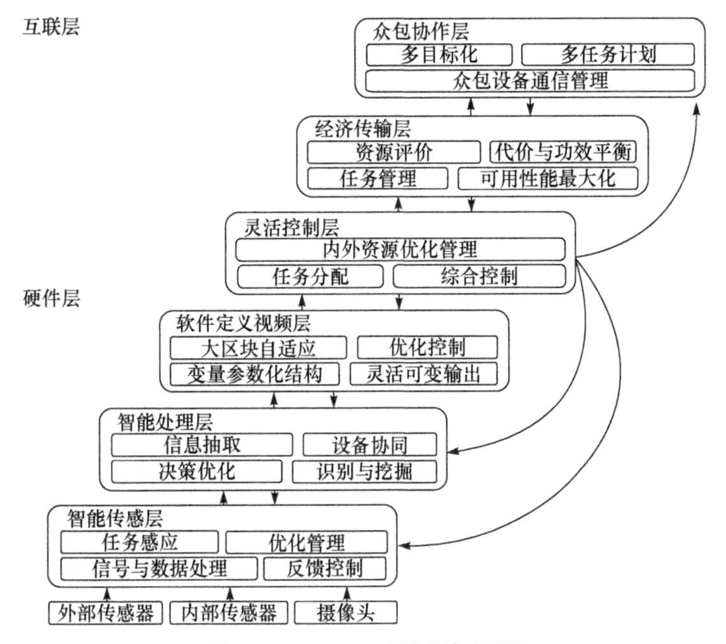

图 8.11　A-VIoT 系统框架图[59]

1. 智能传感层

VIoT 设备通过感应“看到”复杂的环境和自身。智能传感平面不但可以采集传感器产生的数据，而且可以处理不同来源数据的异构性。例如，数据异构性包括不同摄像头捕捉到的视觉数据、不同信号的位置感知数据、加速度计/陀螺仪的运动数据，以及混合传感器的高级上下文/环境数据。为了直观地表示异构传感器多个影响源之间的复杂关系，在 VIoT 中引入智能传感层(smart sensing plane，SSP)来简化计算。SSP 是一个模型，表示一组具有有限容量的传感器 $X_K^M=\left\{x_k^m \mid k\in K, m\in M\right\}$，其中 m 为传感器，K 为参数化性能的类型，M 为传感器集。当 VIoT 设备执行一个任务时，令 $U_{\mathrm{SSP}}(x)$为参数化性能 K 的奖励函数，即

$$U_{\mathrm{SSP}}(x)=\sum_{m\in M}\sum_{k\in K} f_{\mathrm{SSP}}\left(x_k^m\right) \tag{8.20}$$

SSP 在有限可用传感器资源的情况下，选择具有最佳性能自适应 K^* 的最佳排列 M^*。令 P_m 和 P_m^{budget} 是传感器当前的功率和功率预算，因此有

$$\left\{M^*,K^*\right\}=\arg\max_{m\in M,k\in K} U_{\mathrm{SSP}}(x) \tag{8.21}$$

$$\text{s.t.}\quad \sum_{m\in M} P_m \leqslant P_m^{\mathrm{budget}} \tag{8.22}$$

2. 智能处理层

智能处理层专注于节能和计算负载平衡。其重点是提高整个 VIoT 系统的效率，帮助 VIoT 设备提取相关信息，以便做出最佳决策。例如，由于感兴趣区域(region of interest，ROI)的变化触发智能识别模块，智能处理层将在视觉数据处理之前评估当前 VIoT 设备的处理成本。

3. 软件定义视频层

目前的视频编解码器采用混合编码框架，可以实现可变参数化编码结构。考虑有限的资源和高度波动的网络环境时，这些结构不能为 VIoT 设备生成灵活的输出。为了实现对资源约束的动态适应，一种具有柔性控制平面的软件定义视频(software defined video，SDV)结构被提出。SDV 支持大规模数据生成和高适应性视频。编码控制参数和功能从内部编解码器提取 SDV 控制单元。视频编码器或解码器通过 SDV 控制器配置。SDV 控制器自动计算当前内部资源和外部环境之间的折中。为了建立这样的控制器，定义以下数学模型。

对于第 m 个传感器，SDV 给出一组容量为 X_K^m 的 K 型性能。例如，X_K^m，$k \in \{1,2,\cdots,K\}$ 表示帧速、分辨率、量化参数等。目标在 SDV 控制器计划视频编码时最大化效用。平面考虑视频编码器参数集的最佳配置，称为控制器 $C_{\text{SDV-E}}(\chi_K^m)$，其中 χ_K^m 是可选择和配置的视频编解码器集。令 $C_{\text{SDV-S}}(X_K^m)$ 表示控制器，代表视频编码器参数集的配置，SDV 层的效用可以写为

$$\begin{aligned} & U_{\text{SDV}}(x) \sum_{m \in M} f_{\text{SDV}}\left(X_1^m,\cdots,X_k^m,\chi_1^m,\cdots,\chi_k^m\right) \\ & x \in \left\{X_k^m\right\} \cup \left\{\chi_k^m\right\} \end{aligned} \tag{8.23}$$

因此，SDV 平面的目标建模为

$$\max_{\left\{X_k^m\right\} \cup \left\{\chi_k^m\right\}} U_{\text{SDV}} \tag{8.24}$$

$$\text{s.t.} \quad C_{\text{SDV-E}}\left(\chi_k^m\right) \leqslant C_{\text{SDV-E}}^{\text{budget}} \tag{8.25}$$

$$C_{\text{SDV-E}}\left(\chi_k^m\right) \leqslant C_{\text{SDV-S}}^{\text{budget}} \tag{8.26}$$

4. 灵活控制层

灵活控制层可以为有效的 VIoT 管理提供完整的内部资源和外部资源可见性。灵活控制层从不同的模块中观察常数参数和变量，然后联合控制所有模块的决策变量子集。每层都被视为一个功能模块。具体来说，SSP 对应于传感器访问控制，

SDV 与速率控制相关。经济传输层通过传输控制进行管理，附加反馈控制被设计为贯穿所有相关层之间的所有反馈操作。为了系统地设计框架，在灵活控制层上部署基于水平和垂直分解的功能分配。层之间的接口用于交叉设计的函数或变量。每层都与其效用函数 $U_{\mathrm{SSP}}(x)$、$U_{\mathrm{SDV}}(x)$和 $U_{\mathrm{ETP}}(x)$关联。对于在第 n 个 VIoT 设备上运行的第 s 个任务，定义成本函数 $P(x)$度量计算成本(以功耗为单位)，定义函数 $\mathrm{Gd}(x)$根据延迟评估延迟变化，$\mathrm{De}^{\mathrm{budget}}$ 为预算花费。因此，灵活控制层问题可表述为

$$\begin{aligned} \max \ & U_{\mathrm{SSP}}(x)+U_{\mathrm{SDV}}(x)+U_{\mathrm{ETP}}(x) \\ \text{s.t.} \ & P_{\mathrm{SSP}}(x)+P_{\mathrm{SDV}}(x)+P_{\mathrm{ETP}}(x) \leqslant P^{\mathrm{budget}} \\ & \mathrm{Gd}_{\mathrm{SSP}}(x)+\mathrm{Gd}_{\mathrm{SDV}}(x)+\mathrm{Gd}_{\mathrm{ETP}}(x) \leqslant \mathrm{De}^{\mathrm{budget}} \end{aligned} \tag{8.27}$$

式(8.30)可分解为各层的优化，并垂直计算。利用拉格朗日对偶形式 $D(\lambda)$ 对上述问题进行分层分解，它的组件结构可以分为三个子问题，即

$$\min_{\lambda_1,\lambda_2} D(\lambda)=\sum \max_{x_i} U_i(x_i)+\lambda_1\left(P^{\mathrm{budget}}-\sum P_i(x_i)\right)+\lambda_2(\mathrm{De}^{\mathrm{budget}}-\sum \mathrm{Gd}_i(x_i)) \tag{8.28}$$

5. 经济传输层

VIoT 设备之间视频传输的主要挑战是在保持良好性能的同时平衡资源需求。在资源分配(如带宽、能源和频谱)方面，大多数相关工作都使用经济方法来评估总体效益。这是在分配稀缺资源的替代机制下产生的。从经济学的角度来看，异构 VIoT 设备共存，必要时相互竞争。不同的通信技术，会在带宽、成本和覆盖范围方面产生不同的特点。因此，应事先考虑一个先决问题，即 VIoT 设备应该如何选择在多个竞争的设备之间分配资源。一个简单的目标是效率，即在 QoE、延迟、能耗和资源利用率方面，进行成本和效用的权衡。

对于 VIoT 设备，一个视频任务 $s \in S$ ，根据视频内容的特性[60]，任务 s 的值可以通过使用效用函数 $U_{\mathrm{ETP}}(r_{s,n})$表征。该效用函数是带宽资源 $r_{s,n}$ 的递增严格凹函数，即

$$U_{\mathrm{ETC}}(r_{s,n})=\varphi_s \ln(1+r_{s,n}), \quad n \in \{1,2,\cdots,N\} \tag{8.29}$$

其中，$\varphi_s > 0$ 为任务值，提供信息并反映系统中任务的优先级。

假设当且仅当 $r_{s,n}$ 大小的视频数据已成功传输时，才获得 $U_{\mathrm{ETP}}(r_{s,n})$。我们将任务模型[61]扩展到视频任务。由于视频数据量大，视频数据在不同的层中传输来确保可扩展性。设 $r_{s,n,l}$ 为$[1,\cdots,l,\cdots,L]$层中传输的视频流 $r_{s,n}$。经济传输层的目的是在可变和有限带宽 R_n 下使 $U_{\mathrm{ETC}}(r_{s,n})$的效用最大化，即

$$\max_{r_{s,n,l}} U_{\mathrm{ETC}}\left(\sum_{l\in L} r_{s,n,l}(1-p_{l+1})\prod\nolimits_{i=q}^{l} p_i\right) \tag{8.30}$$

$$\text{s.t.}\quad \sum_{l\in L} r_{s,n,l} \leqslant R_n \tag{8.31}$$

其中，p_i 为 $r_{s,n,l}$ 成功传输的概率。

根据视频流的特性[62]，当第 l 层只有在其前$\{1, 2,\cdots, l-1\}$层被成功传输时，才能成功地传输。因此，$\prod\nolimits_{i=1}^{l} p_i$ 可以保证这个属性。式(8.28)的问题可以表述为通过总码率的增加最大化使资源有效分配的问题。许多经济模型都提供了理论基础和有效的解决方案，如博弈论、拍卖、价格均衡。

6. 众包协作层

考虑一组 VIoT 的设备 $N=\{1,2,\cdots,N\}$，它们相互协作执行任务集 $S=\{1,2,\cdots,S\}$。这些 VIoT 设备构成一个众包设备社区，由众包协作层协调。众包协作层的职责是管理这些 VIoT 设备，并分配任务。Crowd A-VIoT 系统的总体效用可以构建为一个混合模型。该模型考虑基于上述式(8.31)的协作 VIoT 设备的效用。对于第 i 个 VIoT 设备，通常假设 $U_i(x)$是递增的，并且依赖资源 x。由于比特率和视频数据的相关计算支配所有的感知源，因此 x 和 p 成为可视物联网设备中比特率和功率的主要指标。在 Crowd A-VIoT 系统中，由于计算能力和能量有限，VIoT 设备上与传统编码器的视频数据通常不同。因此，期望的端到端实用程序是比特率和功耗的函数。这种现象可以建模为一个多目标优化问题，即

$$\max_{x\geqslant 0} n\sum_{n} U_{\text{A-VIOT}}(x,\lambda) = \sum_{i=\{\text{SSP,SDV,ETP}\}} U_i(x_i) - x\lambda^{\mathrm{T}} \tag{8.32}$$

$$\begin{gathered} \max_{P\geqslant 0} n\sum_{n} U_{\text{A-VIOT}}(P,\lambda) = \sum_{i=\{\text{SSP,SDV,ETP}\}} P(U_i(x_i))\lambda^{\mathrm{T}} \\ \text{s.t.}\quad R_n, p_n \leqslant P_n^{\text{budget}},\ \sum_{n} \mathrm{De}_n \leqslant \mathrm{De}^{\text{budget}} \end{gathered} \tag{8.33}$$

其中，λ 为联合控制的变量向量；$P(U_i(x_i))$ 为 $U_i(x_i)$ 的功耗。

8.3.2　场景建模

超低功耗传感设备的出现及其与网关和云端的连接，刺激了许多实际应用的端到端物联网架构[53]。除了传感设备，智能城市还有许多智能设备。这些智能设备包括手机、笔记本电脑、无人机、无人值守地面车辆等。智能设备不但可以连接网关和云服务，还可以协作捕获和传输视频。例如，无人机可以捕捉天空中的视频，并将视频传送到陆地上的设备。在智能城市中，视觉物联网是物联网的一

个子主题。由于视觉数据的感知和处理的需要，它带来重大的端到端挑战。首先，智能设备在计算、处理和视频传输能力方面是异构的。其次，物联网设备容易受到环境因素的干扰，例如无人机容易受到风、雨和雾的影响，环境因素部分影响无人机的性能。再次，移动智能设备的能量是有限的，这意味着智能设备的寿命非常有限。最后，丰富的视觉数据可以为分析提供许多机会，而视频处理需要高计算能力和大带宽。为了在智能城市中利用视觉物联网，有必要应对这些挑战。因此，本节考虑智能城市中常见的火灾场景，通过与提出的 VIoT 算法关联来解决上述挑战。

考虑一个发生在体育场的火灾事件，如果通往室外的道路被浓烟、高温和倒塌的建筑物堵塞，消防车可能无法及时到达现场。换言之，消防队员无法进入现场，掌握火灾情况相当困难。在这种情况下，具有遥感功能的无人机可以通过向急救中心传输视频来提供即时的画面。然而，影响无人机射击性能的因素很多。例如，无人机容易受到空气湍流和热量的影响；风和热引起的不稳定将影响无人机的自主控制系统，进而危及救援任务。此外，无人机增加多旋翼的动力，以便在空中盘旋，但是这会迅速耗尽电池电量；捕获的视频和视频传输的质量很容易受到飞行高度和无人机与接收器之间距离的影响。

在能量方面，对于无人机的功率而言，风阻随风向而变化。无人机的功率分为感应功率、剖面功率和寄生功率[63]。感应功率是无人机克服升力诱导阻力的能量消耗，即

$$P_i = k_1 F\left(\frac{v_{\text{vert}}}{2} + \sqrt{\left(\frac{v_{\text{vert}}}{2}\right)^2 + \frac{F}{k_2^2}}\right) \tag{8.34}$$

其中，k_1 和 k_2 为经验参数；F 为无人机产生的推力；v_{ert} 为无人机的垂直速度。

型线功率被转子叶片消耗来产生推力，即

$$P_p = k_3 F^{\frac{3}{2}} + k_4 (v_{\text{air}} \cos\alpha)^2 F^{\frac{1}{2}} \tag{8.35}$$

其中，k_3 和 k_4 为经验参数；v_{air} 空气为无人机和风之间的相对速度；α 为风和无人机速度之间的角度。

寄生功率提供使无人机水平移动的力，计算公式为 $P_{\text{par}} = k_5 v_{\text{air}}^3$，其中 k_5 为经验参数，$k_1, k_2, \cdots, k_5$ 是依赖无人机的参数。

在可视化传输方面，无人机捕捉火灾现场的实时视频，并通过无线网络传输到控制中心。吞吐量 T 随距离的增加呈指数下降，可描述为 $T = T_0 \mathrm{e}^{-\beta l}$，其中 T_0 是距离为零时的最大吞吐量，β 是经验参数，l 是源到目的地之间的距离[64]。

在效用方面，SSP 不但收集传感器产生的数据，而且处理来自不同来源的数

据的异构性。SSP 的效用代表无人机传感器采集数据的准确性和传感器的能量效率。然而，无人机的大部分能量消耗用于飞行和悬停。结果表明，该方法的实用性被简化为以传感器矢量 m 为指标的逐步函数 $\psi(m_i)$的汇总结果。SSP 的效用为

$$U_{\mathrm{SSP}}(m)=\frac{\sum_{i=1}^{|m|}\psi(m_i)}{|m|} \tag{8.36}$$

这说明，效用 $U_{\mathrm{SSP}}(m)$随收集数据的规模而增加。

SDV 可以提供全面控制下的实时视频流。我们主要考虑三个指标作为效用的度量，分别表示视频捕获的功耗函数 PC、覆盖率函数 CR 和准确度函数 AC。SDV U_{SSP} 的效用扩展到 U_{SDV}=CR+AC–PC。覆盖率代表无人机能否覆盖整个火力范围。例如，两架无人机正在拍摄火灾现场的视频。两架无人机的视角为 β_1 和 β_2 。$\widehat{A_1B_1}$ 覆盖的区域还有 $\widehat{A_2B_2}$ 被无人机捕获。因此，覆盖率可以写为

$$\mathrm{CR}=\frac{\bigcup_{i=1}^{n}\gamma_i}{2\pi} \tag{8.37}$$

其中，γ_i 为无人机覆盖的弧度。

视频捕获的准确度代表一个火场在拍摄图像中所占的比例。假设视点 V 与火场中心 O 之间的距离为 d，则为 $OV\perp AB$。视频捕获的精度为

$$\mathrm{AC}=\begin{cases}\dfrac{|AB|}{2r}, & |AB|\leqslant 2r\\ 1, & |AB|\leqslant 2r\end{cases} \tag{8.38}$$

其中，r 为火场的半径。

功耗能反映无人机的能源效率。我们关注的是水平飞行消耗的能量。PC 的计算公式为

$$\mathrm{PC}=\frac{P_p+(P_{\mathrm{par}}-P_i)}{P_p+P_i} \tag{8.39}$$

对于经济传输层的效用，无人机捕捉到的视频通过经济传输层传输到地面接收器。结合式(8.27)和式(8.32)中的条件，考虑延迟的经济传输层的效用可以重写为 $U_{\mathrm{ETP}}=\varphi_s\ln(1+r_s)-r_s\mathrm{size}(pkt)/T$ ，其中 size(pkt)是视频分组的长度。

8.3.3 应用分析

本节验证 A-VIoT 架构的有效性。为了检验 A-VIoT 架构在智慧城市典型应用中的性能，我们对一个典型的火灾场景进行仿真，在 CityPulse 数据集上对提出的

方法进行测试[65]。表 8.3 给出了实验具体参数。在模拟中，无人机的数量是 5 架。为了简单起见，我们使用极坐标系，其中极点位于火场的中心。无人机的初始位置都在(300,–3π/4)。无人机可以飞行的范围在半径为 180m 和 300m 的两个圆圈之间。指标包括火场的覆盖率、功耗和视频传输的延迟。视频传输延迟计算为

$$\mathrm{Gd}=t_0+\frac{r_s\mathrm{size}(pkt)}{T} \tag{8.40}$$

其中，t_0 为无人机飞到该位置并开始捕获视频时的时间戳；r_s 为传输视频流需要的带宽；T 为吞吐量。

表 8.3　实验具体参数[59]

参数	值	参数	值
K_1	0.8554	φ_s	0.1206
K_2	0.3051	F	10
K_3	0.3177	T_0	8000
K_4	0	β	0.0075
K_5	0.0296	R	200

首先测试无人机覆盖的结果。我们将提出的 A-VIoT 方法与随机飞行方法[66]进行比较，其中无人机使用直观的控制并随机飞行到火场周围。由于克隆的 MN 方法没有提供与无人机位置相关的计算，因此我们以随机方式分配位置。在覆盖率和准确度评估中，无人机的最终位置如图 8.12 所示。结果表明，A-VIoT 方法可以达到 45.64%的覆盖率，随机飞行和克隆 MN 只能达到 23.59%和 31.24%。因此，A-VIoT 在覆盖率方面更有效。

为了进一步测试随机飞行，克隆 MN，以及提出的 A-VIoT 方法的视频传输的延迟和功耗。实验结果如表 8.4 所示。当无人机采用随机控制方式时，飞行路线是不确定的。然而，5 架无人机的 A-VIoT 方法的功耗总计为 610.6887W。这意味着，与随机飞行法和克隆 MN 相比，该方法可以节省 26.18%和 10%的能耗。

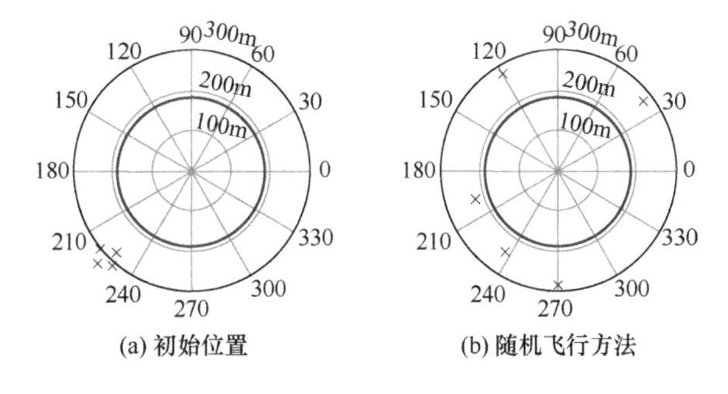

(a) 初始位置　(b) 随机飞行方法

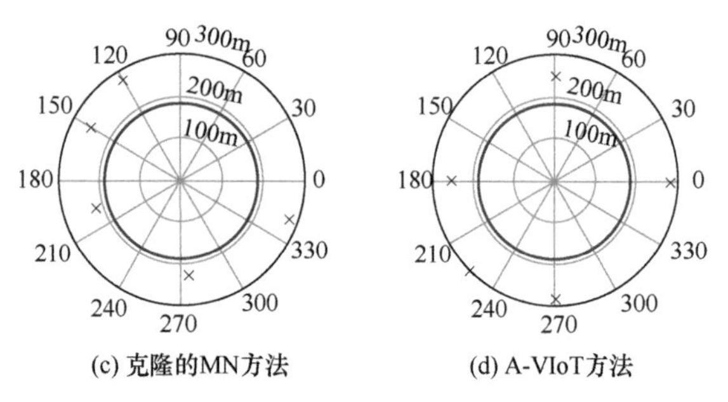

图 8.12　在覆盖率和准确度评估中的无人机的最终位置[59](单位：°)

在视频传输时延方面，随机飞行方法和克隆 MN 的时延分别为 14.76s 和 6.7162s，A-VIoT 方法的时延仅为 1.65s。仿真结果表明，A-VIoT 方法能使无人机等 VIoT 设备具有更好的性能。

表 8.4　视频传输的功耗和延迟[59]

指标	随机飞行	克隆的 MN	本书 A-VIoT
功率消耗/W	826.1567	678.1256	610.6887
延迟/s	14.76	6.7162	1.65

8.4　众智科学智能理论与医疗物联网

随着医疗领域物联网的发展，2022 年医疗领域的物联网市场将增长到 1580 亿美元[67]。这个重要的物联网部分被命名为医疗物联网(healthcare IoT，HIoT)[68]。HIoT 指将网络设备和移动端设备相结合，对患者、医务人员和医疗设备进行智能化管理。医疗物联网示意图如图 8.13 所示。HIoT 使患者的医疗数据逐渐数字化。随着 HIoT 的推广，医疗数据共享范围逐渐扩大。患者的医疗数据不再局限于一家医院，可能是一个地区，甚至一个城市。数据的增长率远远超过网络带宽的增长率。大部分数据都是视频流。通常，由于存储和计算能力有限，HIoT 难以处理这些可视化任务。虽然可视物联网正在成为移动网络[58]的流行技术，但医疗中的可视物联网仍面临许多挑战。

1. 挑战 1：HIoT 设备的多样性和异质性

随着智能集成电路的快速发展，智能集成电路中传感器连接的数量非常庞大，设备的形式也更加多样化，因此在表现上有很大的不同。它们不仅可以是智能手机或电脑，还可以是智能可穿戴设备、医疗设备和手术机器人等。这些不同的 HIoT 设备在计算速度、存储容量、访问方式和响应时间[58]上有很大的差异。除了这些

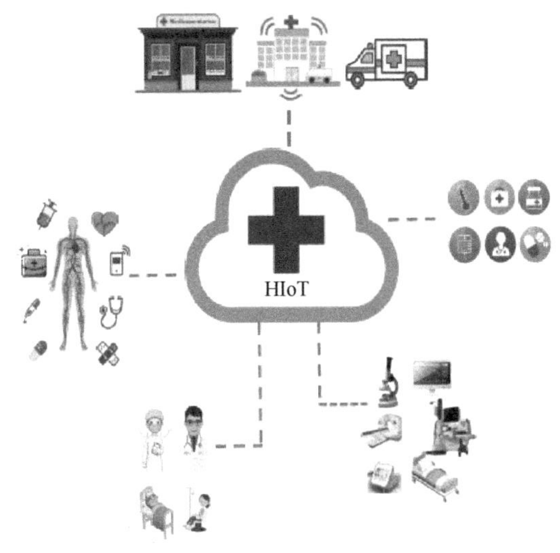

图 8.13　医疗物联网示意图[69]

终端设备，医疗环境中还有许多人和传统机器。这就导致视觉数据在整个环境中协同处理和传输的不兼容性问题。除了设备的多样性，数据还存在复杂的异质性。多种 HIoT 设备可以产生不同的感知数据。这些数据需要推送到云中心或边缘节点进行处理、分析和决策。然后，分析结果被发送回设备。由于 HIoT 中设备的多样性，生成的数据是异构的，因此很难对各种数据进行标准化。这使异构性不再是对数据或访问级别的简单描述，而是更复杂的跨域表达式[58]。这对数据的基本建模或描述方法提出新的挑战。异构数据的处理需要消耗更多的网络和计算资源，进一步增加延迟和带宽的消耗，影响 HIoT 中关键任务的处理。

2. 挑战 2：医疗数据的地理分散性

许多 HIoT 设备分散在不同的地理位置。由于数据的分散，它们很难在云中均匀地处理和分析。各设备之间缺乏通信，容易产生数据孤岛问题。例如，医院不同部门之间的数据是独立的，不与其他部门共享。因此，这些数据不能被充分利用，实际价值大大降低。由于不同部门和设备之间缺乏互动和协作，HIoT 的性能并没有那么智能[70]。同时，由于地理位置的不同，视觉设备的性能差异很大，因此会增加数据传输的难度，降低异构设备之间端到端的性能[71]。这将给数据传输的设计带来新的挑战。此外，由于边缘节点与分布式设备之间通信的不确定性，对于地理分散、动态复杂的网络环境，需要一种更加灵活的可视化数据处理方法。

3. 挑战 3：节点控制和管理的动态性

由于医院的特殊性，在一些突发事件发生时，需要根据具体情况动态地改变大量终端设备。例如，当医院希望执行大型紧急手术时，需要快速部署许多重要的医疗设备。此时，数据量迅速增加会给可视化数据的传输和处理带来挑战。它需要强大的计算和网络资源来保证成功运行。为了增加网络资源，需要部署来自其他地方的边缘节点。从边缘节点的角度来看，有效地管理具有动态访问功能的大型异构端设备是非常困难的。此外，终端设备的动态增加会导致大量的突发网络流量[72]。这使通信网络更加复杂，带宽可能受到限制。因此，如何有效地调度计算和网络资源，实现边缘节点部署和资源分配的动态管理是一大挑战[73]。

为了解决上述挑战，本节提出智能可视 HIoT 设计的观点，并提出一种智能的可视医疗物联网系统(visual-HIoT，V-HIoT)架构辅助医疗系统。智能的 V-HIoT 体系结构是一种智能的、先进的端边云系统。由于以往的架构不能满足大多数 HIoT 设备在带宽、延迟和功耗等方面的要求，因此需要智能设计的 V-HIoT。在终端方面，首先对端智能进行定义，并提出一种通用的人-机-物智能测量方法。其目的是解决处理大量复杂、异构的视觉数据的困难。在边缘端的问题中，我们定义边缘智能，并提出一个边缘节点效率智能度量模型。该模型可以实现节点部署和资源分配的动态管理。在云计算方面，我们还定义了云智能，对医疗数据在地理上分散的挑战提出一个效率智能度量模型。总的来说，我们试图改变传统的观念，赋予端、边和云设备智能价值，让 V-HIoT 更智能[69]。

8.4.1　相关工作

随着物联网趋势的加深，医院正从临床医疗走向个性化医疗。随着 HIoT 的出现，人们更加关注自身的健康，这都促进了医疗服务模式的发展。物联网技术在医疗领域的应用潜力巨大，可以帮助医院实现对患者、医生、护士、医疗器械、药品等医疗对象的智能化管理。HIoT 还可以通过可视化医疗信息实现对患者的实时监控。HIoT 是一个以病人为中心的信息系统。它使用先进的信息技术，可以改善疾病的预防、诊断和治疗，最终使医院各部门受益。HIoT 已广泛应用于医疗诊断和医疗设备[74,75]。据报道，HIoT 在很多情况下可以帮助专家快速获取患者的生命体征[76]。这项工作提出一个可扩展的物联网系统，用于实时生物电位监测，可以自动评估病人的疼痛。目前，一些研究工作通过边缘计算实现了老年人监控应用程序的最佳响应性保证[77]。但是，随着医疗设备的不断增加，数据的增长率远远超过网络带宽的增长率。这对数据的采集、处理和传输都是一个很大的挑战。为此，一些研究者[78]提出一个可扩展的三层架构来存储和处理大量的传感器数据。例如，将机器学习模型集成到架构中，检测早期心脏病。相关工作分析了边缘网络中依赖平台的本地数据的影响，并提出一个轻量级的基于过程迁移的边缘计算框架。虽然 HIoT 技术取得了一定的进展，但是仍面临着数据异构性、资源分配动态性[79]和设备分散性等问题。目前的大多数研究只适用于小型医疗场景。医院缺乏完整的 HIoT 建筑和技术体系。

根据相关预测，到 2023 年，物联网设备将占到全球互联网设备的 50%。物联网设备的快速增长将产生更大量的数据。虽然有大量的数据，但其利用率并不高，会造成资源的浪费。因此，有效地处理和利用这些数据是至关重要的。现有的技术大多直接将未处理的数据发送到数据处理中心和边缘节点进行计算。在计算和传输方面，这给服务器带来巨大的负担。为了解决这个问题，一些研究人员提出端到端的可视化物联网架构[80]。视觉物联网的主要思想是，将视觉信息处理能力注入物联网设备中，使其具有类似人类视觉处理的能力。研究认为，可视化物联网是以视觉为中心，支持三种数据类型的物联网新架构。第一类包括多媒体数据，如视频/图像和多媒体信息、数字/模拟。第二类是成像数据，包括雷达数据、声学数据、激光点云数据、热辐射数据、电磁波数据、无线电波数据、放射性材料数据，以及广泛的非光学场数据。第三种类型是可以可视化的数据。例如，它可以在清理、分类和挖掘大量相关性后呈现出视觉形式。虽然可视化物联网的研究成果越来越多，但是仍存在许多挑战。随着视觉传感器网络的发展，视觉设备产生的数据将消耗更多的带宽。

8.4.2　智能可视化医疗物联网框架

针对 HIoT 的瓶颈问题，我们设计了智能的 V-HIoT 体系结构。这是一个分层的智能端边云计算架构下的可视化医疗物联网框架[69]，如图 8.14 所示。通过对终端、边缘端和云端赋予智能值，可以提高 HIoT 中可视化信息计算和传输的性能。该架构通过端边云系统的协同管理，实现可视化数据的信息生成、编码传输和智能控制。整个智能 V-HIoT 架构包括端处理模块、边缘控制模块和云管理模块。每个模块的功能描述如下。

1. 端处理模块

在医疗场景中，终端有许多不同的 HIoT 设备，它们生成的数据是异构的。此外，医院还包含医生、护士、患者和传统机器。这些机器也会生成大量不同类型的信息和数据[81]。因此，从人到机器再到传感器设备，由于自身特点和环境的不同，这些异构数据的处理变得更加困难。如何用一种统一的方式描述人-机-物变得越来越重要。在对异构设备进行统一描述时，需要考虑很多因素，这会导致设备交互和数据融合的不确定性。因此，我们主要致力于解决测量异质设备的问题。这也是解决各种终端设备有效使用的首要问题。针对这个问题，我们提出终端智能的概念。终端智能至少应该包括人类、机器和事物的特征。最终智能测量的两个核心问题是，如何包含不同类型智能体的特征，以及选择什么因素进行测量[82]。目前的解决方案主要有面向任务的评价和面向能力的评价[83]。最终智能的定义是一个非常复杂的任务。

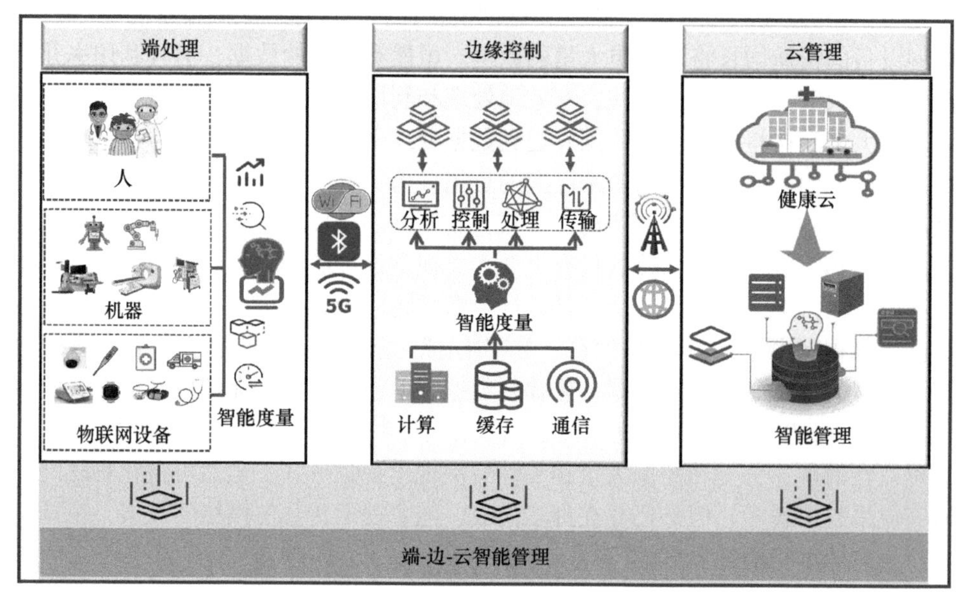

图 8.14　智能端边云计算架构下的可视化医疗物联网框架[69]

终端智能应该包含许多不同类型的智能体。人、机器和传感器设备是智能医疗中最具代表性的智能体。因此，终端智能的定义至少应该包含人、机器和传感器设备的特征。人类的智力主要是解决问题的能力。然而，机器和传感器设备主要用于特定的任务。以往的研究只注重任务特定技能或只关注普遍能力，忽略了异质性主体的混合特性。结合任务和能力的特点，基于质量和时间的终端智能的正式定义是，终端智能是智能体对环境多种反应能力的集合，强调反应能力、反应质量和反应时间的概念。作为描述终端智能系统的关键部分，终端智能示意图如图 8.15 所示。环境指人类、机器和传感器设备在智能医疗中参与的所有任务。响应性主要包括响应质量和响应时间。响应质量是智能体在任务中生成的数据量。响应时间是智能体完成任务花费的时间。利用响应质量和响应时间所表达的任务特性，我们可以描述异构主体的智能混合特性。根据此定义，智能体在多个新任务中的响应质量和响应时间构成最终智能的整体。根据终端智能的定义，其数学表达式为

$$I_{\text{end}} = \sum_{i}^{N} \frac{Q_i}{T_i} \tag{8.41}$$

其中，Q_i 为对智能体在第 i 个任务中表现的综合评价；T_i 为智能体完成第 i 个任

务花费的时间。

图 8.15　终端智能示意图[69]

反映智能体质量的数学表达式为

$$Q_i = \sum_{i}^{N} \mu_i D(i), \quad i = 1, 2, \cdots, N \tag{8.42}$$

$$\sum_{i}^{N} \mu_i = 1 \tag{8.43}$$

其中，N 为智能体完成的任务数；$D(i)$ 为智能体在第 i 个任务中生成的数据量；μ_i 为所有任务中每个任务的权重。

通过终端智能对这些异构的 HIoT 设备进行统一管理，并将智能可视化数据高效地传输到边缘端和云端，可以为端边云系统的协同管理提供理论依据。

2. 边缘控制模块

边缘计算的本质是将云中心的一些功能转移到靠近终端设备的网络边缘端[84]，实现对数据和相关应用的高效处理。在 HIoT 生成大量可视化数据的背景下，边缘计算不仅可以减轻云中心数据流的压力，还可以提高数据处理效率。它具有低延迟、低宽带、高实时性的优点。然而，HIoT 中很多资源是动态的，给边缘节点的部署带来挑战。针对这一挑战，我们计划在边缘控制模块中实现任务目标与可用资源的智能匹配。首先，在边缘侧计算边缘智能，并在边缘侧和端侧进行复杂智能协同分析。然后，合理设计计算迁移和相应的协同优化任务，降低任务迁移过程中的计算复杂度。最后，优化可视数据处理任务的延迟和多协作处理的资源消耗。为了实现此功能，我们首先基于终端智能定义边缘智能[85]。考虑边缘服务器内部结构的异构性，它们的共同任务是数据处理，因此我们基于数据定义边缘智能。数据处理通常包括计算、高速缓存和通信，因此我们将边缘智能视为边缘服务器进行数据计算、缓存和通信的综合能力。边缘智能示意图如图 8.16 所示。我们将一种三效率模型[86]扩展到边缘智能的计算。效用表示单位时间内的数据处理能力。因此，统计函数$U^{\text{comp}}(r)$、$U^{\text{cach}}(r)$和$U^{\text{comm}}(r)$可以调节计算、通信和缓存的效率，其中r是文件的长度。利用计算、通信和缓存效用的乘法可以表示边缘智能的大小，因此边缘服务器的智能可计算为

$$I_{\text{edge}} = U_{\text{edge}}^{\text{comp}}(r)U_{\text{edge}}^{\text{cach}}(r)U_{\text{edge}}^{\text{comm}}(r) \tag{8.44}$$

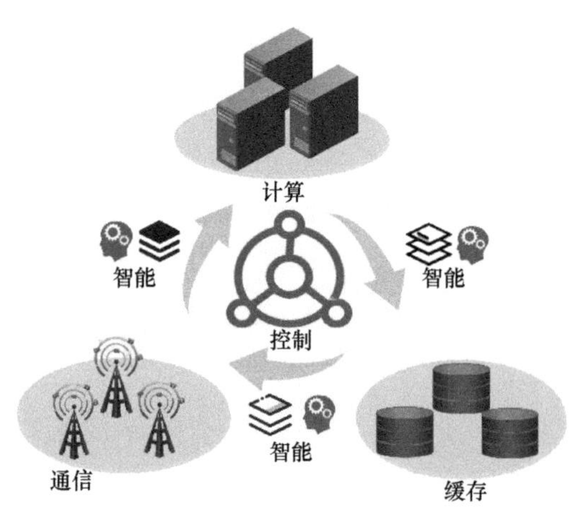

图 8.16 边缘智能示意图[69]

通过边缘智能和终端智能的协同计算，可以根据边缘服务器的智能水平自动分配可视化数据处理任务。边缘控制模块不但可以动态调整资源分配，而且可以有效提高可视化数据的处理效率。借助边缘智能，通过对可用资源的准确预测和任务的快速分配，可以实现视觉 HIoT 的智能控制。

3. 云管理模块

云计算是一种以互联网为中心的计算模型，可在网站上提供快速、安全的数据计算和存储服务[87]。它使使用互联网的每个人都可以访问网络上的巨大计算资源和数据中心。云计算主要用于大量集中的数据处理任务。然而，在实际的 HIoT 系统中，许多设备分布在不同的地理位置，这使设备的性能差异很大[88]。它给可视化数据的传输和管理带来严峻的挑战。因此，需要云中心对边缘节点和这些地理上分散的 HIoT 设备进行更智能的管理[89]。针对这一挑战，我们计划在云管理模块中实现终端智能和边缘智能的智能管理功能。在云端，第一步是对可视化数据进行深入的分析、查询、计算和存储，以支持对分散设备的灵活管理。然后，通过与终端设备和边缘节点的智能协同分析，提高可视化数据的处理效率和资源利用率。要实现这个功能，首先需要定义云智能。与边缘智能类似，云中心的主要任务是对可视化数据进行计算、缓存和通信。因此，我们认为云智能是云服务器在数据计算、缓存和通信方面的综合能力。云管理模块示意图如图 8.17 所示。

在云智能计算方面，云中心需要同时管理边缘端和终端。因此，在云中心与端数据连接的基础上，还需要云中心与边缘节点之间的数据传输。云智能可计算为

$$I_{\text{cloud}} = U_{\text{cloud}}^{\text{comp}}(r)U_{\text{cloud}}^{\text{cach}}(r)\left(U_{\text{cloud}}^{\text{comm1}}(r)+U_{\text{cloud}}^{\text{comm2}}(r)\right) \tag{8.45}$$

$$I_{\text{cloud}} = U_{\text{cloud}}^{\text{comp}}(r)U_{\text{cloud}}^{\text{cach}}(r)\left(U_{\text{cloud}}^{\text{comm1}}(r)+U_{\text{cloud}}^{\text{comm2}}(r)\right) \tag{8.46}$$

$$U_{\text{cloud}}^{\text{comm2}}(r) = \frac{rv_{\text{cloud}}^{\text{edge}}}{l_{\text{cloud}}^{\text{edge}}} \tag{8.47}$$

其中，$v_{\text{cloud}}^{\text{edge}}$ 为数据传输速度；$l_{\text{cloud}}^{\text{edge}}$ 为数据传输距离。

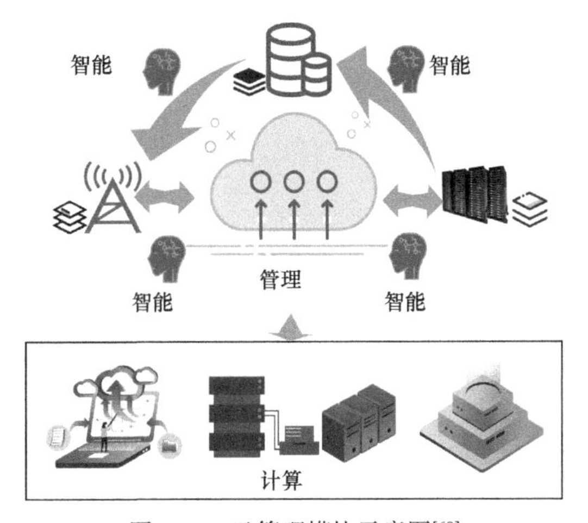

图 8.17　云管理模块示意图[69]

8.4.3　众智的优化

通过终端智能、边缘智能和云智能的协同计算，可以对边缘节点和终端设备进行重新划分和管理，对具有相似地理位置和性能的节点进行动态重组。云中心通过收集所有可用的边缘节点和终端设备，可以实时构建面向任务的 HIoT 组。组节点的灵活性是可调的，每个组都有一定的独立性，可以完成特定的任务，进而实现基于边云协同系统的智能管理。我们在 V-HIoT 场景中引入终端智能、边缘智能和云智能，建立 V-HIoT 体系结构总体智能优化功能，即

$$\max \sum_{j=1}^{M} I_{\text{end}}^{j} + I_{\text{edge}}^{j} + I_{\text{cloud}}^{j} \tag{8.48}$$

$$\text{s.t.}\quad U_{\text{cloud}}^{\text{comm1}}(r) \geqslant U_{\text{cloud}}^{\text{comm2}}(r) \tag{8.49}$$

$$M \leqslant \sum_{i}^{N} \mu_i S(i) \tag{8.50}$$

其中，M 为节点的数量；$S(i)$为医疗物联网场景中设备 i 的任务水平参数。

考虑 V-HIoT 场景的复杂性，我们提出基于智能计算结果的节点选择策略算法，如算法 8.3 所示。终端智能、边缘智能和云智能都会受到异构数据和边缘节点部署的影响。为了最大化端边云系统的智能，我们提出智能最大化的智能节点匹配算法，如算法 8.4 所示。

算法 8.3　基于智能计算结果的节点选择策略[69]

1: 初始化：v,l,M
2: 智能计算
　　for j=1:M
　　　$I_{\text{edge}}=\sum_{j=1}^{M} I_{\text{edge}}^{j}$
　　　$I_{\text{cloud}}=\sum_{j=1}^{M} I_{\text{cloud}}^{j}$
3: 节点选择
　　for j=1:M
　　　$I_{\text{cloud}} \leftarrow I_{\text{edge}}^{j}$
4: 输出
　　I_{edge}^{j}

算法 8.4　智能最大化的智能节点匹配算法[69]

1: 初始化：M，N，I_{edge}^{j}
2: 智能计算
　　for i=1:N
　　　$I_{\text{end}}=\sum_{i=1}^{N} \frac{Q_t}{T_t}$
3: 智能匹配
　　for i=1:N
　　　for j=1:M
　　　　$I_{\text{edge}}^{j} \leftarrow I_{\text{end}}^{i}$
4: 最大化智能
　　$I=I_{\text{end}}+I_{\text{edge}}+I_{\text{cloud}}$
5: 输出：
　　最优结果 I

8.4.4　实例应用分析

本节通过数值模拟来验证提出的 V-HIoT 架构的有效性。这个实验分为三个部分。首先，分析终端智能、边缘智能和云智能随着异构数据的增加而发生的变化。然后，在异构设备快速增长的情况下，评估传统云计算、边缘计算和智能 V-HIoT 架构的数据处理时间。最后，我们展示智能 V-HIoT 体系结构在医院急诊中的智能化水平来深入理解智能 V-HIoT 架构，以及端边云系统中的终端智能、边缘智能、云智能。通过模拟其智能水平随异构数据增加的变化，对终端智能、边缘智能、云智能分析。结果如图 8.18 所示。可以看出，终端智能与异构数据的比例为正。当有足够多的异构数据时，终端智能有一个极限值。此时，终端设备的使用容量达到最大。类似的，边界智能和云智能都有一个极限值。由于其较强的处理能力，智力水平的提升速度和极限值均高于终端智力。

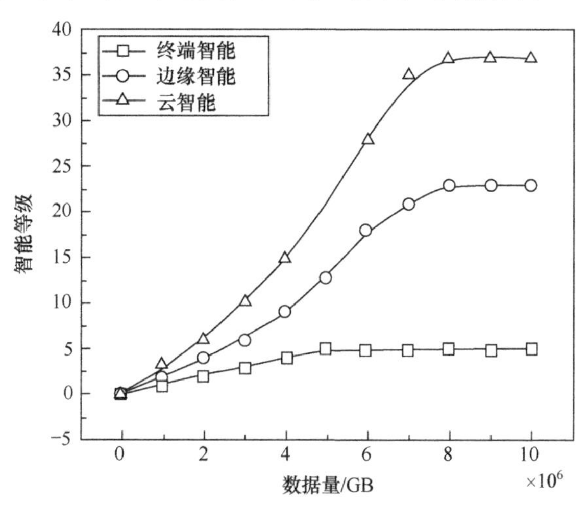

图 8.18　终端智能、边缘智能、云智能分析结果[69]

接下来，验证体系结构的有效性。在实验场景中，我们首先部署 1 个云中心、10 个边缘节点和 10 个异构设备。随着异构设备的增加，测试智能 V-HIoT 架构、传统云计算和边缘计算的数据处理时间。智能 V-HIoT 架构、传统云计算和边缘计算的数据处理时间如图 8.19 所示。实验结果表明，智能 V-HIoT 体系结构在处

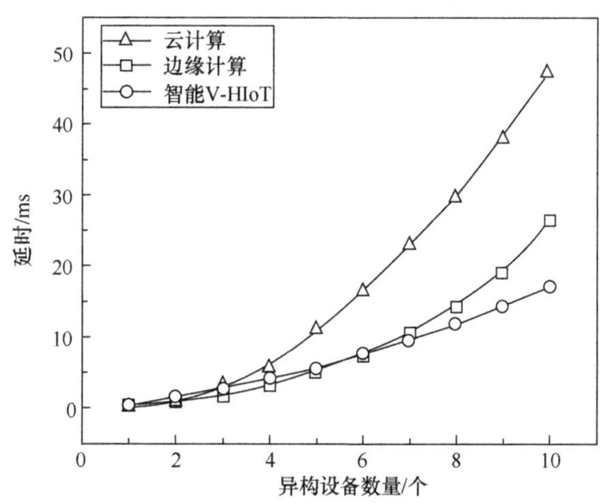

图 8.19　智能 V-HIoT 架构、传统云计算和边缘计算的数据处理时间[69]

理异构设备方面明显优于传统的方法，可以有效地减少大量异构设备生成数据的处理时间。

最后，我们进一步测试智能 V-HIoT 在紧急医疗情况下的性能。在进行大规模紧急外科手术时，医院需要迅速部署许多重要的医疗设备。在数据快速增长的情况下，我们评估智能 V-HIoT 架构、传统云计算和边缘计算的智能水平。云计算、边缘计算和智能 V-HIoT 智能等级对比规范化的结果如图 8.20 所示。随着节点数量的增加，该方法的智能水平比传统方法增长更快。仿真结果表明，智能 V-HIoT 体系结构优于传统的方法，能有效提高 HIoT 的智能水平。

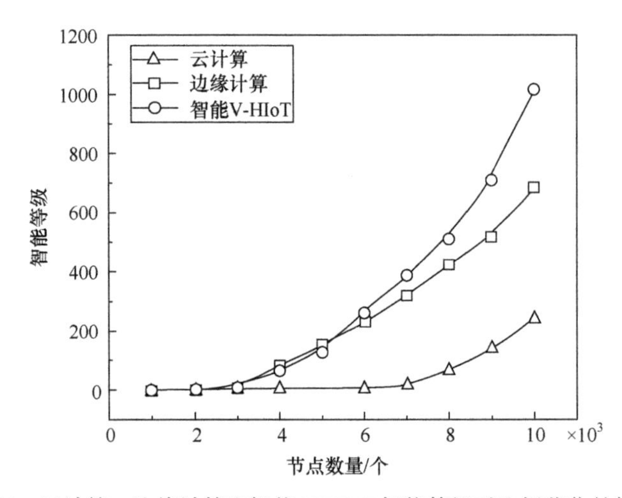

图 8.20　云计算、边缘计算和智能 V-HIoT 智能等级对比规范化的结果[69]

8.5　众智科学智能理论与云雾计算架构下的智慧交通

当前的云计算平台是客户拥有和管理私有数据中心的有效解决方案。云计算使客户可以忽略许多细节，如服务器的部署。对于延迟敏感型应用，云计算面临一个需要满足延迟要求的问题。因此，Cisco 提出雾计算[90]。它可以扩展云计算的功能，使雾节点的网络边缘能够对传统的数据中心进行计算、存储，并提供网络服务。

然而，雾计算仍然存在许多挑战，如视频传输的延迟。根据国际数据中心的报告，到 2022 年，数据流量将达到每年 4.4ZB(1ZB=1024EB)，其中近 80%为可视化数据[91]。因此，可以预见，视频会占用太多的流量，而且由于数据量巨大，从雾节点到数据中心的传输有很大的延迟。智慧城市中典型的视频传输案例是城市监控数据。它是智慧城市中最重要的基础设施之一。一个百万像素的监控摄像头每分钟可以产生大约 10GB 的实时数据[92]。即使在雾计算中，将所有的数据实时推送到远程数据中心也是一个巨大的挑战[93]。

针对视频数据在雾计算中的应用延迟问题，目前已有不同的解决方法，但通常都是在雾节点上部署程序，通过信息处理和决策实现对突发事件的实时反应[94]。它们没有解决减少从雾节点传输到数据中心的数据量问题。将视频特征传输到数据中心进行分析的方法无法将视频特征恢复到人眼可以观察到的视频中，因此需要提出一种在保证视频质量的同时降低视频传输延迟的解决方案。

为满足这一需求，本节将众智科学智能理论方法应用于云雾计算架构下的城市交通监控场景，设计、实现、评估基于众智科学智能理论的视频特征传输方案。该方案基于人工智能的精确特征提取方法(具体为语义图像分割)，采用显著区域提取方法，保持视频高分辨率显著区域和其他低分辨率区域，利用传输时延优化方法，通过控制参数对视频进行处理，达到降低时延和保持视频质量的平衡。

该解决方案的优点是，可以减少视频数据量；保持传输到数据中心的数据的可观测性和良好的质量；实现从雾节点向数据中心传输视频的低延时和实时观测等应用。

通过不同方法提取显著区域和解码后的视频如图 8.21 所示。由此可知，本节提出的方法总是保持最重要的特征(如该架构内的汽车)，ROI 方法[95]会提取错误的特征，高效视频压缩编码(high efficient video coding，HEVC)方法会丢失许多细节。

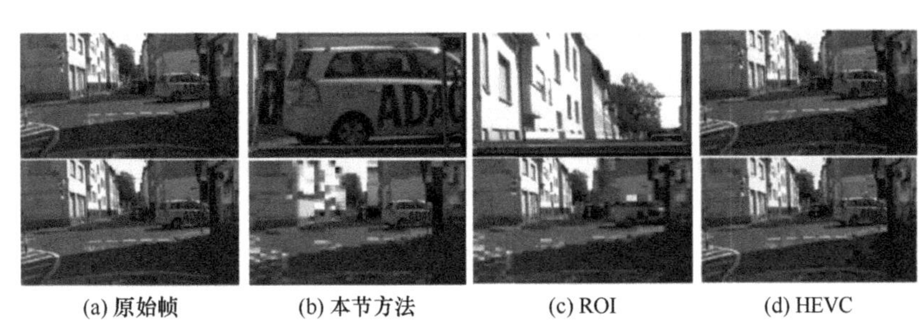

(a) 原始帧　(b) 本节方法　(c) ROI　(d) HEVC

图 8.21　通过不同方法提取显著区域(上)和解码(下)后的视频[96]

我们在作为雾节点的个人计算机上实现解决方案，并使用公共自动驾驶视频数据集城市景观评估解决方案的有效性[96,97]。我们选择 4G/LTE (long term evolution，长期演进)的带宽日志模拟雾计算中带宽的变化。

8.5.1　相关工作

以往的研究大多着眼于减少智慧城市中实时视频处理的延迟，大多将算法部署在雾节点上，将交通事故报警等分析结果及时传输到数据中心。它们将视频数据存储在雾节点中，或者稍后通过正常传输将原始视频数据传输到数据中心。这些方法的缺点是，有限的雾节点存储可能不匹配海量的视频数据，无法解决海量视频数据的本质挑战。

有两种方法可以利用视频的特性实现低延迟传输。其中一种是基于卷积网络进行内容加权图像压缩。该算法首先利用多层卷积网络将视频帧编码为显著映射，将低维特征映射传输到目标点。然后，由目的地的另一个多层卷积网络将这些特征图解码成图像，特征图比原始图像小得多，可以成功地减少传输数据。由于对恢复图像精度的要求，这些解决方案不了解视频的显著性区域，且显著性映射压缩率有限，因此减少的数据量并不大。另一种方法是根据 ROI 进行视频传输[95]，从原始视频中提取 ROI，对不同区域采用不同的下采样率对视频进行压缩。当目标接收到压缩视频时，通过对视频进行向上采样恢复视频。目前的方法包括人工特征尺度不变特征变换(scale-invariant feature transform，SIFT)[98]和主成分分析尺度不变特征变换(principle component analysis-SIFT，PCA-SIFT)[99]、数据挖掘特征 K 均值。它们能够在视频中找到明显的特征。然而，这种方法在识别视频中物体的类别方面还不够智能，显著区域识别效果不明显，压缩效率容易受到限制。

本节试图通过丢弃不重要的视频数据，同时保留视频中重要的区域，即视频的特征来解决这一问题。在我们的系统中，使用人工网络来帮助识别视频中的每一个像素，只保留重要的像素。为了在保留重要区域的同时减小视频的尺寸，我们提出下行采样的方法。下行采样方法通过使一个能量函数最小化，获得最佳的下采样质量。这个能量函数可以是线性或非线性的带有不等式约束的最小二乘公式。由于该方法包含凸目标函数，且保证有可行解，因此我们选择轴向变形的方法。

目前的传输时延计算方法并不适合我们的系统，因为之前没有考虑视频处理的时间代价。因此，我们提出考虑延迟与重定向视频质量之间关系的延迟目标函数。目标函数是一个混合整数非线性凸规划。分支定界方法可以解决这一问题，该方法复杂度高，不适合低延迟系统。因此，我们提出用拉格朗日对偶法分解并迭代求解。

8.5.2 系统模型和问题构想

本节研究一种由雾节点组成的传输系统。首先，雾节点运行特征提取模型，从终端设备获取视频流每帧的特征像素。然后，雾节点选择显著区域，通过最小化能量函数减少视频冗余，用普通的编解码器对处理后的视频进行压缩。最后，雾节点将压缩后的视频传输到数据中心，同时优化系统的延迟目标函数，得到最优参数，进而反过来控制显著区域的选择。提取图像信息的过程如图 8.22 所示。

1. 基于对象的视频特征提取

雾节点首先逐帧提取视频流的特征，将视频流看作一幅单一的图像。特征指视频中最重要的信息。现有的获取帧内特征的方法有很多，包括基于 K 均值的关键点检测或者传统的方法，如 SIFT 或 PCA-SIFT。

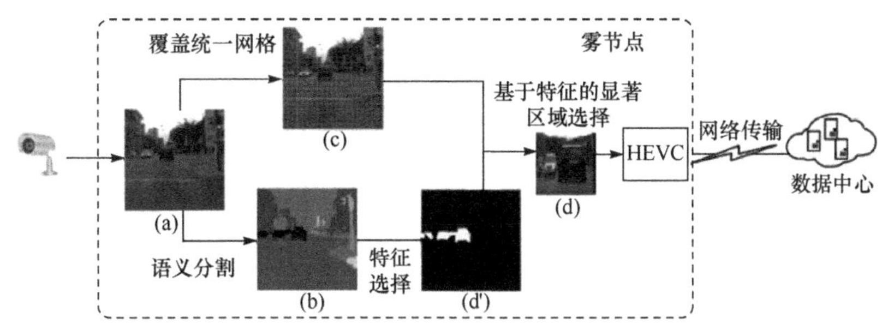

图 8.22　提取图像信息的过程[96]

现有的方法对图像中物体的类别关注不够，容易错误选择显著区域。为了提取视频中准确的特征信息，我们利用雾节点中执行的深度学习模型识别帧中每个像素的类别。雾节点将每个像素标记为一个与其所属类别重要性正相关的数字。类别的重要性可以手动设置，也可以通过暴力搜索设置。

特别是，我们使用的 DeepLabV3+语义分割框架达到了先进的性能，可以在一帧中获得每个像素的类别[100]。框架包含特征提取器(通常是一个深度神经网络)。为了在保持分割精度的同时达到低延迟的目的，特征提取器需要既准确又快速。ResNet-101 和 MobileNetV2 都可以作为 DeeplabV3+的特征提取器，我们将选择最合适的一个。

DeeplabV3+的输入为视频的原始帧(图 8.22(a))，输出为语义分割(图 8.22(b))。每个像素根据其类别用区分颜色进行标记。在语义分割结果的基础上，可以得到与帧分辨率形状一致的特征矩阵。特征矩阵的大小反映每个像素的重要程度。例如，在交通监控情况下，如果像素属于车辆类别，则标记像素为 1；否则，标记为 0。

2. 最优凸区选择

雾节点根据每帧的特征矩阵降低视频的冗余度。目前的图像压缩方法有基于卷积神经网络的方法[101]和 ROI 的方法[95]。基于神经网络的方法采用多层神经网络作为编码器，ROI 方法采用 K 均值等算法提取显著区域。现有的基于卷积神经网络的方法不能选择显著区域，因此减少数据量的能力受到限制。ROI 方法不能识别图像中目标的类别，因此可能选择错误的显著区域。雾节点根据 DeeplabV3+提取的精确特征，调整帧大小，可以去除不重要的信息。

首先，雾节点选择帧中包含特征的显著区域，同时剔除其他冗余信息。然后，将调整大小的视频压缩并传输到数据中心。为了降低选择凸区的复杂性，雾节点将该问题作为轴对称变形空间中的二次规划。与其他变形方法相比，该方法可以降低变量的大小。

用 H 和 W 表示原帧的高度和宽度，在原帧上覆盖 N 行 M 列的均匀网格。网格中每一列(和每个单元格)的初始高度为 H/N，每一行的宽度为 W/M。目标是在总高度 L^{row} 和总宽度 L^{col} 的约束下，计算调整框架的最佳变形网格，如图 8.22(c)所示。设 $D^{\text{row}}=\left(D_1{}^{\text{row}},D_2{}^{\text{row}},\cdots,D_N{}^{\text{row}}\right)$ 表示未知高度，$D^{\text{col}}=\left(D_1{}^{\text{col}},D_2{}^{\text{col}},\cdots,D_M{}^{\text{col}}\right)$ 表示变形网格的未知宽度，则轴对称变形可以用 $D=(D^{\text{row}},D^{\text{col}})^{\text{T}}$ 表示。

利用特征提取模型可以得到特征矩阵。雾节点将每个单元内像素的值平均，可以得到显著性矩阵 $Q\in\mathbf{R}^{N\times M}$，其值表示每个单元格的重要性得分。利用尽可能相似的能量函数将大小不均匀的网格大小调整最小化，目标函数可表示为

$$\begin{aligned}
&\min_{D}\sum_{n=1}^{N}\sum_{m=1}^{M}Q_{(n,m)}^{2}\left[\left(\frac{N}{H}D_n^{\text{row}}-1\right)^2+\left(\frac{M}{W}D_m^{\text{col}}-1\right)^2\right]\\
&\text{s.t.}\quad \sum_{n=1}^{N}D_n^{\text{row}}\leqslant L^{\text{row}}\\
&\qquad\ \ \sum_{m=1}^{M}D_m^{\text{col}}\leqslant L^{\text{col}}
\end{aligned}\tag{8.51}$$

其中，目标函数为原始图像与变形图像的局部偏差；D_n^{row} 为第 n 行高度；D_m^{col} 为第 m 列宽度；L^{row} 和 L^{col} 为对调整大小的行和列的总长度的约束。

特别地，$N=M$ 是为了简化这个问题。N 或 M 决定变形网格的细度，因此我们称 N 或 M 为压缩精度。将式(8.51)中的目标函数最小化后，雾节点得到矢量 D，然后根据变形网格对原始图像进行调整。调整后的框架如图 8.22(d)所示。重要度分数高的细胞体积大，构成显著区域。其他不重要的单元格获得较小的大小并减少总数据量。然后，在指定的压缩比下，用普通编解码器对调整大小的视频进行压缩。

3. 基于感知评估的传递模型

雾节点将最终压缩后的视频传输到数据中心。雾计算的带宽和传输时延是变化的，因此压缩精度和压缩比等参数需要根据动态情况进行调整。为了达到降低系统时延的目标，我们根据时延的来源提出以下目标函数。

延迟的第一个来源是从原始帧中提取特征的时间。由于我们提取每个像素的特征，其代价与帧的分辨率和处理一个像素的时间成正比。令 t_p 为使用特征提取模型对每个像素进行处理的时间，R 为原始视频的分辨率。延迟的第二个来源是

调整和压缩帧的时间。根据我们提出的框架将原始视频分割成网格，网格中的单元数越多，在调整大小阶段特征的保存越细致，计算代价和延迟也会越高。令 t_c 为处理网格中每个单元格的时间；a 为压缩比，等于 N 和 M ，因此一个网格包含 a^2 个单元格。延迟的第三个来源是将视频从雾节点传输到数据中心的时间。定义 V_o 为视频原始数据量，r 为压缩比，T 为雾节点与数据中心之间的吞吐量比特率。因此，优化问题可以表述为

$$\begin{aligned}
&\min_{a,r} \ t_p R + t_c a^2 + \frac{V_o r}{T} \\
&\text{s.t.} \quad \mathrm{SSIM}(Q \odot V_{a,r}, Q \odot V_o) \geqslant C \\
&\qquad 1 \leqslant a \leqslant a_{\max} \\
&\qquad 1 \leqslant r \\
&\qquad a \in \mathbf{Z}^+
\end{aligned} \tag{8.52}$$

原始函数是一个混合整数非线性凸优化问题。解决这类问题的一般方法是分支定界法。该方法复杂度高，因此会增加系统的时延。我们提出用基于拉格朗日对偶分解的迭代算法来求解。原问题的拉格朗日形式为

$$\begin{aligned}
&\min_{a,r} \max_{\lambda} \ L(a,r,\lambda) \\
&= t_p R + t_c a^2 + \frac{V_o r}{T} + \lambda_1 (C - \mathrm{SSIM}(Q \odot V_{a,r}, Q \odot V_o)) \\
&\quad + \lambda_2 (1-a) + \lambda_3 (a - a_{\max}) - \lambda_4 (1-r)
\end{aligned} \tag{8.53}$$

为了优化原始函数，我们需要弄清楚 $C = \mathrm{SSIM}(Q \odot V_{a,r}, Q \odot V_o)$ 。这在视频传输中是不可能实现的。下面来解决对偶问题，即

$$\max_{\lambda} \min_{a,r} L(a,r,\lambda), \quad \lambda \geqslant 0 \tag{8.54}$$

为了解决对偶问题，首先固定 λ ，对函数求最小值，可以得到 a 和 r 。然后，用梯度下降法更新拉格朗日乘数使对偶函数最大化。a 和 r 的解为

$$\begin{aligned}
a &= \frac{\lambda_1 \nabla \mathrm{SSIM}(Q \odot V_{a,r}, Q \odot V_o) + \lambda_2 - \lambda_3}{2t_0} \\
r &= \frac{T}{V_o} \lambda_1 \nabla \mathrm{SSIM}(Q \odot V_{a,r}, Q \odot V_o)
\end{aligned} \tag{8.55}$$

SSIM 的公式为

$$\mathrm{SSIM}(x,y) = \frac{(2\mu_x \mu_y + C_1)(2\sigma_{xy} + C_2)}{(\mu_y^2 + \mu_y^2 + C_1)(\sigma_x^2 + \sigma_x^2 + C_2)} \tag{8.56}$$

其中，x 和 y 为两幅图像；μ_x和μ_y 为 x 和 y 中像素的平均强度；σ_x和σ_y 为标准差；C_1 和 C_2 为常数。

采用迭代算法求解拉格朗日对偶问题[102]。首先，固定拉格朗日乘数 λ，最小化式(8.55)中的目标函数。然后，获得最佳参数 a 和 r，并将式(8.51)中的能量目标函数最小化，得到调整策略。最后，根据一阶推导更新乘子。传输模型中的拉格朗日对偶分解算法如下(算法 8.5)。

算法 8.5　传输模型中的拉格朗日对偶分解[96]

输入： 原始视频 V_o，视频重要性矩阵 Q，压缩视频 V_a
输出： a^*,r^*实现系统的最低延迟
1:初始化 a 和 r；
2:设置步长η，更新λ；
3: 设置当前迭代步骤 i=0，最大迭代步骤为 $i_{\max}$；
4: 当 $i<i_{\max}$，并且 $L(a,r,\lambda)$不收敛时，固定λ；
5: 求解得到 a 和 r；
6: 利用压缩精度 a，通过最小化能量函数选择帧的显著区域；
7: 利用压缩比 r，对帧进行压缩并传输到数据中心；
8: 当 a 和 r 固定，利用拉格朗日函数的梯度更新λ；
9: $\lambda_1=\lambda_1+\eta(\text{C–SSIM}(Q\Theta V_{a,r},Q\Theta V_o))$；
10: $\lambda_2=\lambda_2+\eta_2(1-a)$；
11: $\lambda_3=\lambda_3+\eta_3(a-a_{\max})$；
12: $\lambda_4=\lambda_4+\eta_4(1-r)$；
13: $i=i+1$；
14: 循环结束
15: 返回 a^*,r^* 。

8.5.3　应用与评估

我们在公共数据集 Cityscapes[97]上进行实验，评估基于特征的视频压缩方法的效率。这个数据集包含由汽车摄像机从世界各地不同城市收集的图像。

该数据集中图像的分辨率约为 2048×1024。城市风景包含 2975 个火车图像和 599 个测试图像有很好的注释。这些图像被划分为 19 个像素级，包括地面、人、车辆、建筑物和其他。每个注释的图像是 30 帧视频片段中的第 20 幅图像。我们使用的另一个数据集是 4G/LTE 带宽日志[103]。带宽日志是通过不同的交通方式收集的，如公共汽车、汽车、步行、火车等。带宽随运输速度的变化而变化，不同场景下的带宽波动较大。这与雾计算的属性不一致。因此，我们使用这个数据集模拟雾计算的带宽。实验使用的机器为 Windows10、Intel I7 6700，平台是 Python3.6 和 Tensorflow1.9。

我们利用原有的 Deeplabv3+实现对视频特征的提取。其特征提取器为 ResNet-101，并将其修改为 MobileNetV2。我们使用 GTX 1080 对 DeepLabV3+ 分

别使用这两种功能提取器在城市场景上进行训练。

在评价特征提取器的准确性方面，我们使用均值交叉过并(mIoU)作为度量指标。mIoU 是一种常用的语义图像分割评价指标。它首先计算每个语义类的 IoU，然后计算每个语义类的均值。mIoU 越大，提取器就越准确，即

$$\mathrm{mIoU}=\sum_{j=1}^{J}\frac{1}{J}\frac{\mathrm{Detect}_j\cap\mathrm{Groundtruth}_j}{\mathrm{Detect}_j\cup\mathrm{Groundtruth}_j} \tag{8.57}$$

其中，Detect_j 和 $\mathrm{Groundtruth}_j$ 为算法提取的特征和人工标记的特征。

不同方法下的特征提取速度如表 8.5 所示。

表 8.5　不同方法下的特征提取速度[96]

方法	最大/(帧/秒)	最小/(帧/秒)	平均/(帧/秒)
DeepLabV3+和 MobileNetV2	21.2766	15.6260	17.0579
DeepLabV3+和 ResNet	16.1290	6.89866	12.0296

如图 8.23 所示，使用 MobileNetV2 的 DeepLabV3+的准确率比使用 ResNet-101 的 DeepLabV3+的准确率低约 5%左右。这意味着，MobileNetV2 可以获得相当大的速度改进，仅损失一点精度。因此，我们选择 MobileNetV2 作为特征提取器。

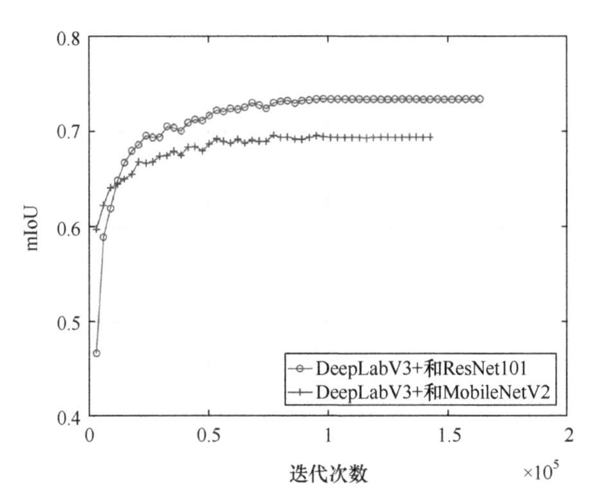

图 8.23　不同特征提取器的精确度[96]

通过对城市景观的实验，评价显著区域选择方法的效果。我们将该方法与传统 HEVC 方法和基于鲁棒感兴趣局部区域的图像重定向方法进行比较。首先，使用我们的特征提取方法和鲁棒局部感兴趣区域分别提取特征像素。然后，对

式(8.52)中的能量函数进行优化，分别得到三种方法的图像调整结果。最后，使用一个普通的编解码器对图像进行编码和解码。在压缩精度和比值变化的情况下，我们评估原始图像和解码图像之间的 SSIM。在压缩精度控制下，采样阶段网格中的单元数。压缩比控制视频比特率。比特率等于原始视频的体积除以压缩比。

我们将视频比特率设置为 4%。这意味着，压缩比为 25，将压缩精度设置为 20，即网格包含 400 个单元。我们使用 SSIM 的 CDF 作为度量。当 $a = 20$ 且 $r = 25$ 时，显著区域的SSIM 如图 8.24 所示。可以看出，即使视频比特率只有原始视频的 4%，我们的方法仍然可以保持视频的细节。由表 8.6 与稳健局部 ROI 和 HEVC 相比，我们的方法得到的平均 SSIM 高出 55.6%和 68.7%。

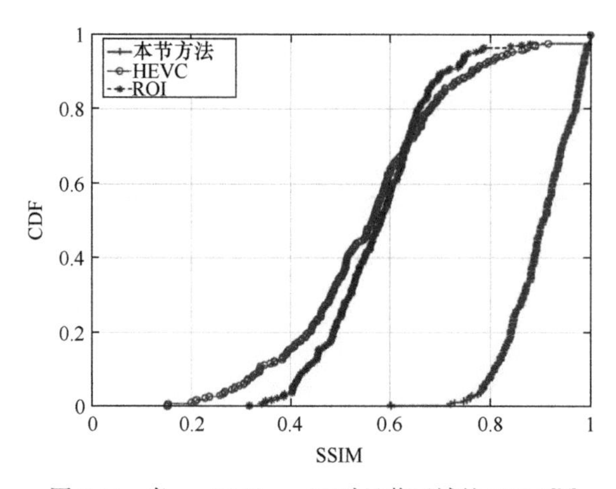

图 8.24 当 $a = 20$ 且 $r = 25$ 时显著区域的 SSIM [96]

表 8.6 不同压缩率下不相同方法的 SSIM[96]

压缩率方法	2	3	4	5	6	7	8	9
本节	0.995	0.987	0.944	0.900	0.843	0.784	0.746	0.741
ROI	0.891	0.557	0.498	0.447	0.446	0.437	0.435	0.434
HEVC	0.678	0.616	0.574	0.566	0.527	0.507	0.501	0.491

本节方法在下降采样和压缩阶段可以保留特征。ROI 方法不能识别视频中目标的类别，因此可能在视频中提取错误的特征。由于低比特率，HEVC 方法会丢失很多细节。本节方法能够对视频中的目标进行分类，选择准确的显著区域，即使在低比特率的情况下也能保持视频的细节。

在压缩变量变化时，不同方法下的 SSIM 如图 8.25 所示。由此可知，提高精度可能导致视频质量提高。HEVC 的 SSIM 与精度无关，因为它根本没有提取特征。

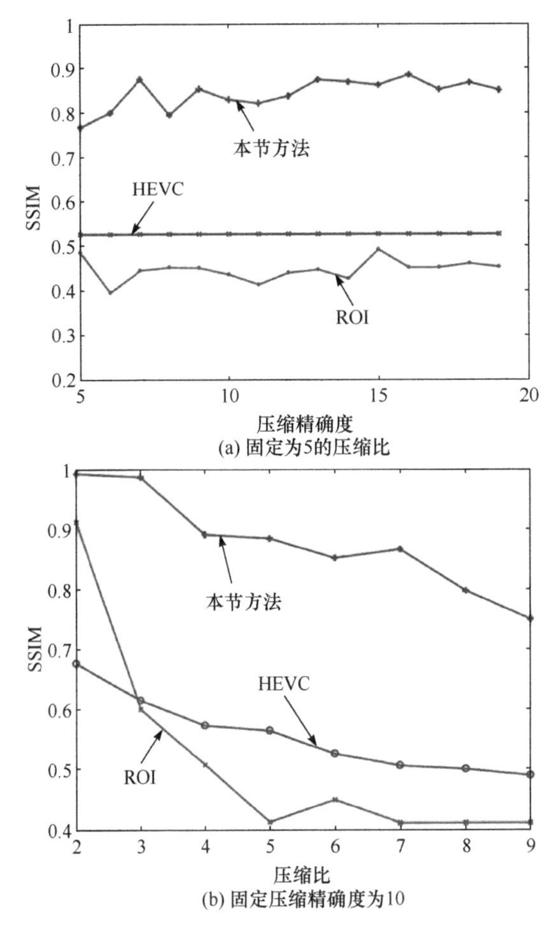

图 8.25　在压缩变量变化时不同方法下的 SSIM[96]

我们对传输进行仿真实验，评估系统在减少总延迟方面的性能。实验使用 4G/LTE 带宽日志模拟雾计算下网络的变化。我们对所提方法与固定比特率、缓存和资源联合分配(记为 JCRA)方法[104]进行了比较。JCRA 方法可以得到用户数量为 400(JCRA 400)和 200 (JCRA 200)时的最高比特率和最低比特率。我们使用法兰克福城市视频。这个视频包含 267 帧。SSIM 的约束条件(式(8.53)中的 C)设置为 0.9，$a_{\max}$ 设置为 20。实验通过记录一帧的传输时间，包括处理时间获得系统延迟。带宽在最后一帧传输时改变。

由图 8.26 可以看出，我们的方法在不同场景下得到的系统延迟最小。在设备移动速度慢且带宽稳定的 Bus 和 Foot 的情况下，传输延迟较低。当设备在 Car 和 Train 快速移动时，系统延迟变长，带宽波动很大。由表 8.7 可以看出，与固定比特率、JCRA 200 和 JCRA 400 相比，本节方法分别降低 71.02%、63.53%和

43.26%。结果表明，动态地改变视频码率和压缩精度，可以获得最小的传输时延。无论带宽如何变化，基于特征的视频传输方法都能稳定地降低系统的延迟。

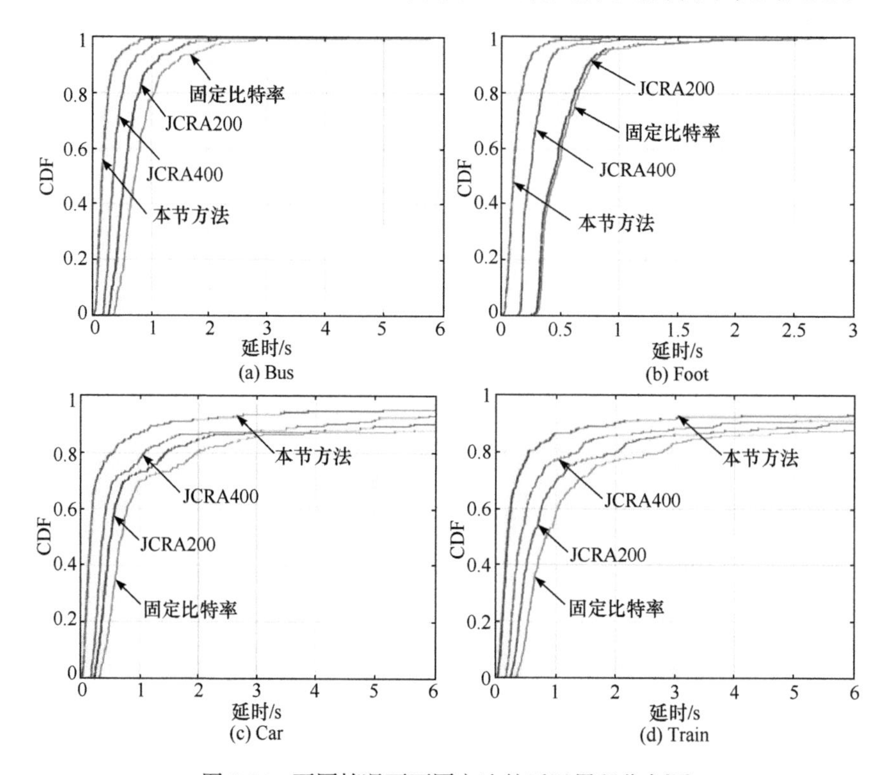

图 8.26　不同情况下不同方法的延迟累积分布[96]

表 8.7　不同场景下不同方法的平均延迟率[96]

场景	固定比特率	JCRA 200	JCRA 400	本节方法
Bus	0.855487	0.645217	0.416712	0.26381
Car	2.223655	1.63226	1.209155	0.533177
Foot	0.534587	0.508745	0.279684	0.188133
Train	5.316287	3.893717	2.633452	1.376886

8.6　本 章 小 结

本章专注于四个典型场景中众智科学智能理论与方法的应用。通过结合不同的应用场景，我们给出众智科学智能理论的具体应用方法。8.2 节介绍视频电子商务场景下众智理论的应用方法。未来，我们计划将该理论扩展到更复杂的电子商务场景系统中。8.3 节介绍众智科学智能理论在智慧城市场景下的应用。未来，我们计划利用众智理论解决智慧城市场景下关键的技术挑战，特别是研究未来结合智慧城市的众智理论基础。8.4 节介绍结合众智理论的医疗物联网。未来，我们计划将此方法扩展到更复杂的多家医院合作的医疗场景中。8.5 节介绍云雾计算架构下智慧交通场景的众智科学智能理论应用，并进行仿真实验验证。未来，我们计划将该理论方法部署在实际的终端设备上，在真实的场景下验证并改进该方法。

参 考 文 献

[1] ATT. Sponsored data for mobile device from AT&T. http://www.att.com/att/sponsoreddata/en/index.html[2020-12-10].

[2] Techcrunch. FreedomPop to offer App-Sized data plans, free use of sponsored Apps. https://techcrunch.com/2014/06/24/freedompop_to_offer_app_sized_data_plans_free_use_of_sponsored_apps[2014- 10-20].

[3] China Mobile. Free use of sponsored Apps. http: //www.10086.cn/support/service/lltf/[2020-1-20].

[4] Cisco. Cisco visual networking index: Global mobile data traffic forecast update, 2015-2020. http://www.cisco.com/c/en/us/solutions/collateral/service-provider/visual-networking-index-vni/mobile-white- paper-c11-520862. html[2018-3-10].

[5] Gharakheili H, Vishwanath A, Sivaraman V. An economic model for a new broadband ecosystem based on fast and slow lanes. IEEE Network, 2016, 30(2): 26-31.

[6] Zhu L, Chen Y. Joint Source-Channel Coding and Optimization for Layered Video Broadcasting to Heterogeneous Devices. New Jersey: IEEE, 2012.

[7] Zhou L, Yang Z, Wen Y, et al. Resource allocation with incomplete information for QoE-driven multimedia communications. IEEE Transactions on Wireless Communications, 2013, 12(8): 3733-3745.

[8] Li P, Zhang H, Zhao B, et al. Scalable video multicast with adaptive modulation and coding in broadband wireless data systems. IEEE/ACM Transactions on Networking, 2012, 20(1): 57-68.

[9] Wu Y, Kim H, Hande H, et al. Revenue sharing among ISPs in two-sided markets//IEEE International Conference on Computer Communications, Shanghai, 2011: 596-600.

[10] Joewong C, Ha S, Chiang M. Sponsoring mobile data: An economic analysis of the impact on users and content providers//IEEE Conference on Computer Communications, Hong Kong, 2015: 1499-1570.

[11] Sen S, Joewong C, Ha S, et al. A survey of smart data pricing: Past proposals, current plans, and future trends. ACM Computing Surveys, 2013, 46(2): 1-37.

[12] Gizelis C, Vergados D. A survey of pricing schemes in wireless networks. IEEE Communication Surveys Tutorials, 2011,13(1): 126-145.

[13] Cisco. Moving toward usage-based pricing: A connected life market watch perspective http://www.cisco.com/web/about/ac79/docs/clmw/Usage-Based-Pricing-Strategies.pdf[2019-10-10].

[14] Ha S, Joe-Wong C, Sen S, et al. Pricing by timing: Innovating broadband data plans. http:

//www.Princeton.edu/_soumyas/papers/ econ.pdf[2019-10-1].

[15] Sen S, Joewong C, Ha S, et al. Smart Data Pricing (SDP): Economic Solutions to Network Congestion. SIGCOMM on Recent Advances in Networking, 2013, 1: 221-274.

[16] Sen S, Joewong C, Ha S, et al. Incentivizing timeshifting of data: A survey of time-dependent pricing for internet access. IEEE Communication Magzine, 2012, 50(11): 91-99.

[17] Sen S, Joewong C, Ha S, et al. When the price is right: Enabling time-dependent pricing of broadband data//SIGCHI Conference on Human Factors in Computing Systems, Paris, 2013: 2477-2486.

[18] Hande P, Chiang M, Calderbank R, et al. Pricing under constraints in access networks: Revenue maximization and congestion management//IEEE International Conference on Computer Communications, Chengdu, 2010: 938-946.

[19] Tsiropoulou E, Katsinis G, Papavassiliou S. Distributed uplink power control in multiservice wireless networks via a game theoretic approach with convex pricing. IEEE Transactions on Parallel & Distributed Systems, 2011, 23(1): 61-68.

[20] Liu P, Zhang P, Jordan S, et al. Single-cell forward link power allocation using pricing in wireless networks. IEEE Transactions on Wireless Communications, 2004, 3(2):533-543.

[21] Yang L, Kim H, Zhang J, et al. Pricing-based spectrum access control in cognitive radio networks with random access//IEEE International Conference on Computer Communications, Shanghai, 2011: 2228-2236.

[22] Niu D, Feng C, Li B. A theory of cloud bandwidth pricing for video-on-demand providers// IEEE International Conference on Computer Communications, Orlando, 2012: 711-719.

[23] Yang M, Groves T, Zheng N, et al. Iterative pricing-based rate allocation for video streams with fluctuating bandwidth availability. IEEE Transactions on Multimedia, 2014, 16(7): 1849-1862.

[24] Data AI. Mobile App Advertising and Monetization Trends 2013-2018. http: //john.do/wp-content/uploads/2015/05/App Annie IDC Mobile App Advertising Monetization Trends 2013-2018 EN.pdf[2016-5-1].

[25] Kodialam M, Lakshman T V, Mukherjee S, et al. Online scheduling of targeted advertisements for IPTV// IEEE International Conference on Computer Communications, Chengdu, 2010: 1-9.

[26] Ji W, Chen Y, Chen M, et al. Profit maximization through online advertising scheduling for a wireless video broadcast network. IEEE Transactions on Mobile Computing, 2016, 15(8): 2064-2079.

[27] Ren S, Schaar M. Data demand dynamics and profit maximization in communications markets. IEEE Transactions on Signal Process, 2012, 60(4): 1986-2000.

[28] Wichtlhuber M, Heise P, Scheurich B, et al. vINCENT: An incentive scheme supporting heterogeneity in peer-to-peer content distribution// IEEE Local Computer Networks, Edmonton, 2014: 1-9.

[29] Hande P, Chiang M, Calderbank R, et al. Network pricing and rate allocation with content provider participation// IEEE International Conference on Computer Communications, Rio de Janeiro, 2009: 990-998.

[30] Cho S, Qiu L, Bandyopadhyay S. Should online content providers be allowed to subsidize

content-An economic analysis. Social Science Electronic Publishing, 2016, 27(3): 580-595.
[31] Andrews M, Yue J, Reiman M. A truthful pricing mechanism for sponsored content in wireless networks// IEEE International Conference on Computer Communications, San Francisco, 2016: 1-9.
[32] Lotfi M H, Sundaresan K, Sarkar S, et al. The economics of quality sponsored data in non-neutral networks. IEEE/ACM Transactions on Networking, 2017, 25(4): 2068-2081.
[33] Sen S. Smart data pricing: Using economics to manage network congestion. Communications of the ACM, 2015, 58(12): 86-93.
[34] Liang Z, Wu W, Dan W. TDS: Time-dependent sponsored data plan for wireless data traffic market. IEEE International Conference on Computer Communications, San Francisco, 2016: 1-9.
[35] Zenghelis D. The economics of network-powered growth. http: //www.cisco.com/web/about/ac79/docs/EconomicsNPG FINALFINAL. pdf[2020-8-8].
[36] Ji W, Frossard P, Chen B, et al. Profit optimization for wireless video broadcasting systems based on polymatroidal analysis. IEEE Transactionson Multimedia, 2015, 17(12): 2310-2327.
[37] Ji W, Zhu W. Profit maximization for sponsored data in wireless video transmission systems. IEEE Transactions on Mobile Computing, 2020, 19(8): 1928-1942.
[38] Chen Y, Wu K, Zhang Q. From QoS to QoE: A tutorial on video quality assessment. IEEE Communication Surveys Tutorials, 2015, 17(2): 1126-1165.
[39] Alban A, Danneskiold S B, Pedersen K M. What is cost effectiveness analysis. Ugeskrift for Laeger, 1990, 152(2): 81-86.
[40] Cao Z, Zegura E. Utility max-min: An application-oriented bandwidth allocation scheme// IEEE International Conference on Computer Communications, New York, 1999: 1-9.
[41] Wang W, Palaniswami M, Low S. Application-oriented flow control: Fundamentals, algorithms and fairness. IEEE/ACM Transactions on Networking, 2007, 14(6): 1282-1291.
[42] Lan T, Kao D, Chiang M, et al. An axiomatic theory of fairness in network resource allocation// IEEE International Conference on Computer Communications, Chengdu, 2010: 1343-1351.
[43] Riemensberger M, Utschick W. A polymatroid flow model for network coded multicast in wireless networks. IEEE Transactions on Information Theory, 2014, 60(1): 443-460.
[44] Tse D, Hanly S. Multiaccess fading channels-part I: Polymatroid structure, optimal resource allocation and throughput capacities. IEEE Transactions on Information Theory IT, 1998, 44(7): 2796-2815.
[45] Ji W, Chen B W, Chen Y, et al. Profit improvement in wireless video broadcasting system: A marginal principle approach. IEEE Transactions on Mobile Computing, 2015, 14(8):1659-1671.
[46] Mossel E, Roch S. Submodularity of infuence in social networks: From local to global. SIAM Journal on Computing, 2007, 39(6): 2176-2188.
[47] Iwata S, Fleischer L, Fujishige S. A strongly polynomial-time algorithm for minimizing submodular functions (algorithm engineering as a new paradigm). Journal of the ACM, 1999, 48(4): 761-777.
[48] Fujishige S, Isotani S. A submodular function minimization algorithm based on the minimum-

norm base. Pacific Journal of Optimization, 2013, 7(1): 2011.
[49] Chakrabarty D, Jain P, Kothari P. Provable submodular minimization using wolfe's algorithm. Advances in Neural Information Processing Systems, 2014, 1(3): 802-809.
[50] Iyer R, Bilmes J. Submodular optimization with submodular cover and submodular knapsack constraints. Advances in Neural Information Processing Systems, 2013: 2436-2444.
[51] Trac. SHM. http: //hevc.kw.bbc.co.uk/git/w/jctvc-shm.git/shortlog/refs/tags/SHM-12.0[2016-8-22].
[52] Leskovec J, Krause A, Guestrin C, et al. Cost-effective outbreak detection in networks// ACM SIGKDD International Conference on Knowledge Discovery and Data Mining, San Jose, 2007: 420-429.
[53] Iyer R, Ozer E. Visual IoT: Architectural challenges and opportunities; Toward a self-learning and energy-neutral IoT. IEEE Micro, 2016, 36(6): 45-49.
[54] Chua S. Visual IoT: Ultra-low-power processing architectures and implications. IEEE Micro, 2017, 37(6): 52-61.
[55] Chiang M, Tao Z. Fog and IoT: An overview of research opportunities. IEEE Internet of Things Journal, 2017, 3(6): 854-864.
[56] Cisco. Cisco visual networking index: Global mobile data traffic forecast update, 2016-2021. https://www.cisco.com/c/en/us/solutions/collateral/service-provider/visual-networking-index-vni/mobile-white-paper-c11-520862.html[2021-1-30].
[57] Dan W, Liang Z, Cai Y. Social-aware rate based content sharing mode selection for D2D content sharing scenarios. IEEE Transactions on Multimedia, 2017, 19(11): 2571-2582.
[58] Ji W, Xu J, Qiao H, et al. Visual IoT: Enabling internet of things visualization in smart cities. IEEE Network, 2019, 33 (2): 102.
[59] Xiao L, Wan X, Lu X, et al. IoT security techniques based on machine learning: How do IoT devices use AI to enhance security. IEEE Signal Processing Magazine, 2018, 35(5):41-49.
[60] Li S, Huang J. Price differentiation for communication networks. IEEE/ACM Transactions on Networking, 2014, 22(3): 703-716.
[61] Jiang C, Gao L, Duan L, et al. Data-centric mobile crowd sensing. IEEE Transactions on Mobile Computing, 2017, 17(6): 1275-1288.
[62] Ji W, Li Z, Chen Y. Joint source-channel coding and optimization for layered video broadcasting to heterogeneous devices. IEEE Transactions on Multimedia, 2012, 14(2): 443-455.
[63] Liu Z, Sengupta R, Kurzhanskiy A. A power consumption model for multi-rotor small unmanned aircraft systems// International Conference on Unmanned Aircraft Systems, Miami, 2017: 310-315.
[64] Pabst R, Walke B, Schultz D, et al. Relay-based deployment concepts for wireless and mobile broadband radio. IEEE Communication Magazine, 2004, 42(9): 80-89.
[65] Puiu D, Barnaghi P, Tonjes R, et al. City pulse: Large scale data analytics framework for smart cities. IEEE Access, 2017, 4:1086-1108.
[66] Kim D, Jung M. Data transmission and network architecture in long range low power sensor networks for IoT. Wireless Personal Communications, 2017, 93(1): 119-129.
[67] Businessinsider. IoT healthcare in 2020: Companies, devices, use cases and market stats. https:

//www. businessinsider.com/iot-healthcare[2021-2-20].
[68] Habibzadeh H, Dinesh K, Shishvan O, et al. A survey of healthcare internet of things (HIoT): A clinical perspective. IEEE Internet of Things Journal, 2020, 7(1): 53-71.
[69] Yang Z, Liang B, Ji W. An intelligent end-edge-cloud architecture for visual IoT assisted healthcare systems. IEEE Internet of Things Journal, 2021, 8(23): 16779-16786.
[70] Khowaja S, Prabono A, Setiawan F, et al. Contextual activity based healthcare internet of things, services, and people (HIoTSP): An architectural framework for healthcare monitoring using wearable sensors. Computer Networks, 2018, 145(9): 190-206.
[71] Ji W, Duan L, Huang X, et al. Astute video transmission for geographically dispersed devices in visual IoT systems. IEEE Transactions on Mobile Computing, 2020, 6: 1-10.
[72] Min C, Hao Y, Kai L, et al. Label-less learning for traffic control in an edge network. IEEE Network, 2018, 32(6): 8-14.
[73] Hu S, Li G. Dynamic request scheduling optimization in mobile edge computing for IoT applications. IEEE Internet of Things Journal, 2020, 7(2): 1426-1437.
[74] Idlt D, Alonso S, Hamrioui S, et al. IoT-based services and applications for mental health in the literature. Journal of Medical Systems, 2019, 43(11): 1-6.
[75] Thakar A, Pandya S. Survey of IoT enables healthcare devices// IEEE International Conference on Computing Methodologies and Communication, Erode, 2017: 1087-1090.
[76] Yang G, Jiang M, Ouyang W, et al. IoT-based remote pain monitoring system: From device to cloud platform. IEEE Journal of Biomedical & Health Informatics, 2017,22(6): 1711-1719.
[77] Ianculescu M, Alexandru A, Nicolau N, et al. IoHT and edge computing, warrants of optimal responsiveness of monitoring applications for seniors// IEEE International Conference on Control Systems and Computer Science, Beijing, 2019: 655-661.
[78] Kumar P, Gandhi U. A novel three-tier internet of things architecture with machine learning algorithm for early detection of heart diseases. Computers & Electrical Engineering, 2017, 65: 222-235.
[79] Chen M, Miao Y, Gharavi H, et al. Intelligent traffic adaptive resource allocation for edge computing-based 5G networks. IEEE Transactions on Cognitive Communications and Networking, 2019, 6(2): 499-508.
[80] Zhang F, Qin J, Ran D, et al. A satellite ground system with an "edge-cloud-terminal" structure// IEEE International Conference on Frontiers of Educational Technologies, New York, 2020: 217-221.
[81] Mohamed A B, Gunasekaran M, Abduallah G, et al. A novel intelligent medical decision support model based on soft computing and IoT. IEEE Internet of Things Journal, 2019, 7(5): 4160-4170.
[82] Gershman S, Horvitz E, Tenenbaum J. Computational rationality: A converging paradigm for intelligence in brains, minds, and machines. Science, 2015, 349(6245): 273-278.
[83] Hernán J. Evaluation in artificial intelligence: From task-oriented to ability-oriented measurement. Artificial Intelligence Review, 2016, 48(3): 397-447.
[84] Khan W, Ahmed E, Hakak S, et al. Edge computing: A survey. Future Generation Computer Systems, 2019, 97(8): 219-235.

[85] Zhang Y, Ma X, Zhang J, et al. Edge intelligence in the cognitive internet of things: Improving sensitivity and interactivity. IEEE Network, 2019, 33(3): 58-64.

[86] Ji W, Liang B, Wang Y, et al. Crowd V-IoE: Visual internet of everything architecture in AI-driven fog computing. IEEE Wireless Communications, 2020, 27(2): 51-57.

[87] Dang L, Piran M, Han D, et al. A surveyon internet of things and cloud computing for healthcare. Electronics 2019, 8(7):1-49.

[88] Youn C, Chen M, Dazzi P. Opportunistic task scheduling over co-located clouds in mobile environment. Cloud Broker and Cloudlet for Workflow Scheduling, 2017, 11(3): 549-561.

[89] Lv Z, Xiu W. Interaction of Edge-cloud computing based on SDN and NFV for next generation IoT. IEEE Internet of Things Journal, 2020, 7(7): 5706-5712.

[90] Bonomi F, Addepalli R. Fog computing and its role in the internet of things// The First Edition of the MCC Workshop on Mobile Cloud Computing, Helsinki, 2012: 13-16.

[91] Lund D, MacGillivray C, Turner V, et al. Worldwide and Regional Internet of Things (IoT) 2014-2020 Forecast: A Virtuous Circle of Proven Value and Demand. Framingham: International Data, 2014.

[92] Ning C, Yu C, Blasch E, et al. Enabling smart urban surveillance at the edge// IEEE International Conference on Smart Cloud, New York, 2017: 109-119.

[93] Wang P, Blasch E, Li X, et al. Degree of nonlinearity (DoN) measure for target tracking in videos// International Conference on Information Fusion, Heidelberg, 2016: 1390-1397.

[94] Liu X, Mu T, Jiang Y,et al. VSCC'2017: Visual analysis for smart and connected communities//ACM International Conference on Multimedia, California, 2017: 1976-1977.

[95] Tan W, Yan B, Li K, et al. Image retargeting for preserving robust local feature: Application to mobile visual search. IEEE Transactions on Multimedia, 2015, 18(1): 128-137.

[96] Wang Y, Xu J, Ji W. A feature-based video transmission framework for visual IoT in fog computing systems// ACM/IEEE Symposium on Architectures for Networking and Communications Systems, Cambridge, 2019: 1-8.

[97] Cordts M, Omran M, Ramos S, et al. The cityscapes dataset for semantic urban scene understanding// IEEE Conference on Computer Vision and Pattern Recognition, Las Vegas, 2016: 3213-3223.

[98] Lowe D. Distinctive image features from scale-invariant keypoints. International Journal of Computer Vision, 2004, 60(2): 91-110.

[99] Ke Y. PCA-SIFT: A more distinctive representation for local image descriptors. IEEE Computer Vision and Pattern Recognition, Washington, D. C., 2004: 506-513.

[100] Chen L C, Zhu Y, Papandreou G, et al. Encoder-decoder with atrous separable convolution for semantic image segmentation// European Conference on Computer Vision, Munich, 2018: 801-818.

[101] Zhang Y, Ma X, Zhang J, et al. Edge intelligence in the cognitive internet of things: Improving sensitivity and interactivity. IEEE Network, 2019, 33(3): 58-64.

[102] Avanaki A. Exact histogram specification optimized for structural similarity. Optical Review, 2009, 16(6): 613-621.

[103] Hooft J, Petrangeli S, Wauters T, et al. HTTP/2-based adaptive streaming of HEVC video over 4G/LTE networks. IEEE Communications Letters, 2016, 20(11): 2177-2180.

[104] Xu X, Liu J, Tao X. Mobile edge computing enhanced adaptive bitrate video delivery with joint cache and radio resource allocation. IEEE Access, 2017, 5(99): 16406-16415.